週2日だけ働いて 農業で1000万円稼ぐ法

堀口博行
Hiroyuki Horiguchi

ダイヤモンド社

はじめに

農業経営は難しくない！

起業ブームの中、定年後もしくは脱サラして農業を始めることを夢みる方は多いと思いますが、いろいろなリスクを考え、農業経営をあきらめてはいないでしょうか。

本書を読めば、２５０万円くらいの資金と土日の休日があれば、誰でも農業に参入できることがわかります。もちろん、それ以下の資金でも工夫次第で可能です。

実際、私は、実家のある北海道に転勤して以来、サラリーマンを続けながら、３年間で数千万円の利益を稼ぎ出しています。

しかも、特別なことをやっているわけではありません。兼業農家では、時間的にも、体力的にも大変だと思われがちですが、けっしてそんなことはありません。
私がどのように農業をやっているかというと、次のとおりです。

①平日は片道2時間の遠距離電車通勤で、残業があると、21時から22時に帰宅している。
②父は病気なので、母と近所のパートさん（1名程度）と一緒に作業をしている。
③農業での借金はゼロ。
④たまには、友達や同僚とススキノに飲みに行ったり、自由時間も意外とある。
⑤体力はあるほうじゃないけど、農業を始めてから、とくに病気も疲労もなく、逆に健康体になって太ってきている。

病気の父と年老いた母に言われるがままに農作業をし、サラリーマン生活の傍ら、手伝い程度に作業をしているだけです。

なぜ農業を始めたのか？

北海道に転勤してきたときは、株式投資に失敗して累計2000万円程度をなくしていました。貯金は100万円程度、27歳にして膨大な喪失感と父の病気の悪化で、とても悩んでいました。

私は大学卒業後、倹約生活をして250万円あった奨学金の借金を2年で返還し、さらに貯金をして、当時にわかに流行っていた株式投資にはまっていきました。

その後、東京に転勤すると、起業家支援の仕事を担当して、毎週いろいろな起業家と交流したり、時には上場企業の社長の講演会も開催しました。また、ライブドア社ファイナンス部門への転職話もありました。ファイナンス部門は、企業買収などを行う部署です。

株式投資の面では、持っていた40万円の株が分割を繰り返して120万円になったり、12万円の株が短期間で35万円になったこともありました。

時代の流れに踊らされ、株式投資で数億円稼げると本気で思っていました。

しかし、株式投資に失敗。一時は生活費もなくなりそうになるまでになっていました。

その後、北海道を大型の台風が襲い、実家のビニールハウスが倒壊したとの知らせを受けました。すぐに帰省したところ、父の病気が悪化して入院しており、退院後も車椅子生活となるため、実家の農業経営がこのままでは維持できないことを知りました。

その年に北海道への転勤希望を出し、出世をあきらめて実家での生活を始めたわけです。

まずはサラリーマンを続けながら始めよう

はじめは、サラリーマンを辞めて、農家になることを考えていましたが、父が「今どき、農家になっても、嫁さんが来ないから、できるだけ休みの日に手伝いをしてくれ。農業はたいして儲からないから、会社は絶対に辞めないほうがいい」と言っていたので、サラリーマンは続けることにしました。そして、そのまま3年余りが経ってしまったのが現実です。

農作業は、意外とやる気が原動力になるので、会社員として働きながら始めるほうが気分転換もできるし、今までの生活を変える部分が少ないのでいいと思います。もちろん農業を専門に行おうという人も、やる気さえあれば、まったく問題ありません。

従来の起業本や起業家セミナーでは、会社設立の作業を事細かに説明し、挙句の果てには、国民生活金融公庫やほかの金融機関からお金を借りるのが目的になってしまっています。事業がどのように成功するかは二の次になり、肝心要のところが大きく抜けています。

会社の設立やお金を借りることは、きちんと調べれば、誰でもできるので、セミナーや起業本を読む必要はありません。

お金があれば成功するのであれば、誰でも成功するはずです。もしそうであるなら、起業する方に私は喜んで出資したいです。

しかし、現実は違います。ポイントを要領よくつかみ、実践することが肝要です。

北海道に戻ってきて以来、野菜栽培を中心に1年目は年収４００万円、２年目は６００万円、3年目には１０００万円（利益ベース）を達成しています。

この本では、たいして農業に詳しくもなく、サラリーマンの仕事も暇でない私が、どのようにして農業で爆発的に成功したかを伝えたいと思います。

これから農業を始めたい人や、定年後、農業で生活を考えている方に、土地や農機具の入手方法、高利益を稼ぐ方法などを、私の体験や失敗を踏まえて伝授したいと思います。

やる気と根性があれば、農業経営は誰にでもできるのです。

週2日だけ働いて　農業で1000万円稼ぐ法　目次

第2章 なぜ1000万円超の収入になったのか

第4章 誰も教えてくれない農業の裏技 153

第5章

農業は週2日の作業でできる　201

序章

株で2000万円
損した私が、
農業で成功できたわけ

農業には起業家の精神が役立つ

農業をやるうえで、起業家の精神は本当に役に立ちます。どのように役に立つかは一概に言えませんが、精神面で新しいことを切り開く能力や姿勢を学ぶ必要があります。

今になっては犯罪者扱いの堀江貴文氏にも、私は当時とても感銘を受け、今でもその精神は私の一部になっているかもしれません。

株式100分割、その後の10分割、野球球団の近鉄買収などで一躍脚光を浴びていたライブドア社長の堀江貴文氏の講演会に、私が携わることになりました。

関東で起業家向けセミナーを行ったのです。

私は営業職のような仕事をしており、若いがゆえに、所属課の仕事をメインでバリバリこなしていました。

といいますか、若さゆえに、面倒な仕事を押しつけられていたわけです。

この頃、起業家支援の仕事も行っており、毎週10冊以上のビジネス書を読んでいました。

そんな知識が今回、本を執筆するのに大いに役立っています。

「若いうちは本をいっぱい読め」と言われますが、今になって思えば、本を無限に読むことは生きるうえで本当に役に立ちます。

ただ、インチキくさいビジネス書もあるので、読む本の性質を嗅ぎ分ける能力を身につけないうちに、それを実践するのは危険です。

間違って変な株や債券を買ったり、不動産を買ったり、転職したりしないように、注意が必要です。世の中に失敗の罠はいっぱいあるのです。

ライブドア・堀江貴文氏との出会い

ある日、「ライブドアの堀江氏の講演会に携わることになったので行ってみないか」と、課長から指示を受けました。

たまたま以前から『100億を稼ぐ仕事術』（ソフトバンクパブリッシング）を読んでいたので、ファンだった私には願ってもないチャンスでした。ちなみに、その本はブックオフで700円で購入した中古本です。

参加者は優に500人以上でしたが、私は運よく最前席に座ることができ、目の前で講演会を味わえました。

堀江氏は、地味なピチピチのズボンとシャツ姿で、地味な大き目のショルダーバッグを持って、１人で現れました。

今考えると、ライブドア社は当時、悪いことをいっぱいしていた頃かもしれません。講演会で何を聞いたかは忘れましたが、当時出版されていた本の中身とほとんど一緒だったような気がします。

講演会後、ささやかながら1人1000円の会費で、立食形式の意見交換会が開催されました。ビールなどのドリンクとサンドイッチ程度の中身だったかと思います。

堀江さんは親切にも、会場の人全員と写真撮影をしていました。それを待つ列が急に長くなったので、私もあわてて50番目くらいに並びました。もちろん、握手、写真撮影、名刺交換、本へのサインをお願いするためです。

テレビに映るぶっきらぼうな堀江さんとは全然違って、親切で熱心に話を聞いてくれました。今でも堀江さんの名刺とサイン入り『100億稼ぐ仕事術』は大切に保管しています。

私が堀江さんに質問したのは、当時、熱中していた未公開株式を扱ったグリーンシート市場のことです。

私「グリーンシート市場は将来性ありますよね。どう思いますか？」

堀江「登録会社が少ないからダメだね。もっともっと数が増えればいいんじゃない？」

堀江さんはとてもフレンドリーな口調で答えてくれました。

堀江さんは1時間くらい握手の行列をこなしたあと、次の用事があるらしく、ピチピチのズボン姿で急いで帰っていきました。

あとで聞いたら、講演会の謝礼は40万円程度とのこと。当時、時価総額1000億円以上の株式を持っていた堀江氏にとってははした金だったかもしれません。

ちなみに、現在グリーンシート市場はライブドア事件とともにダメになって、ほとんど休眠状態です。時代の流れに乗っている人は、先見性も持っていたのかもしれません。

思い立ったら行動しよう

私が当時、熱中していたのは、未公開株式市場のグリーンシート株。

グリーンシート市場で私はにわか仕込の財務諸表分析を使い、短期で2倍、3倍に上がる銘柄に投資をして浮かれていました。

毎日ブログを書いていて、ブログ仲間もいました。シティバンクの社員やキャッシュフローゲームの主催者、ベンチャー社員など、多彩に情報交換しており、飲み会も開催したことがあります。

しかし、今になって思えば、すべて砂上の楼閣のようなものでした。結局、ライブドアショックの煽りで大損してしまい、そんな生活は一時的なものでした。

講演会で堀江社長に会ったこともあって、気になっていたライブドア社に興味本位でメールを送ったのも、その頃です。社長の講演会を行ったことや株を取引している趣旨を書き、会社見学を申し込んだところ、ファイナンス部門の宮内亮治氏からメールが来ました。「ぜひ来てください」と。

せっかくの機会なので、有給を半日とって六本木ヒルズへ向かいました。

ここらへんは、性格というか、習慣というか、私は間髪入れずに行動をしてしまう人間です。この点は弱点でもあるので、最近は会社の仕事以外はなるべく間髪入れるようにしています。最近まで、武田信玄で有名な「風林火山」は、ただ早いことと勘違いしていましたが、実は、孫子の兵法の教えの一部だということがわかり、反省しています。

ただ、会えるかどうかは運次第になるので、宮内氏からメールが来たというのは、ある意味、運がそれなりにあったのかもしれません……。

会社見学が入社面接に……

会社見学の日、六本木ヒルズに着くと、1階にある厳重な警備窓口に向かいました。ライブドアの宮内氏に会うことを伝えると、電話で連絡をとってくれて、首から下げる通行証をもらいました。ビルの何階か忘れましたが、かなり高い階へ上がりました。

ライブドアの受付に行くと、女性の方がとても可愛く、それだけで待っている間は幸せな気分になれました。

10分くらい待たされて、4畳ほどのブースに案内されました。そこに、宮内氏と中村長也氏が入ってきたのです。

のちに逮捕されたライブドアの幹部のうちの2人です。

受付の女性がお茶を持ってきてくれました。緑色の紙コップに入った冷たい緑茶をいただき、とてもおいしかったのを覚えています。

宮内「会社の面接に来た堀口君かい？　よろしくね」

私「会社見学に来たのですが……」

私は、会社の面接ではなく、ただ見学に来たことと、グリーンシート市場の株式取引で活躍していることなどを話しました。

宮内「あっ、そうなの？　どちらでもいいけど。株式やってるなら、うちに来なよ。堀口君に来期10億円の利益を上げてもらいたいな」

私「えっ……」

とてもフランクな軽いノリだったのを覚えています。

中村「若いうちに、ぱっと数億のお金を稼いで引退してしまったほうがいいよ。そのあとに稼いだお金で遊べばいいし……」

そのあと、なんだかんだと株式取引の雑談をしていたら、「入社したいなら連絡しなよ」というように言われて帰ってきました。

悩んだ末、リスクが大きそうなので転職はあきらめました。今考えると、転職しなくて正解でした。

株式投資で2000万円損失の教訓

株で2000万円をなくした私が言うのも変ですが、農業をやる方はギャンブル類は絶対にしないほうがいいと思います。競馬やパチンコといったものに限らず、リスクのある投資も避けたほうが無難です。

投資ブームで、株、為替、投信は健全だと思われるかもしれませんが、農業を行う以上、一切のリスクは持たないほうがいいです。

株などは相場があるので、いつも株価をチェックしたくなるし、下がると情緒不安定になります。

パチンコは依存性があるので、農業をほったらかしにして行ってしまうことになりかねません。実際、近所の破産した農家を見ると、パチンコで散財し、なおかつパチンコに熱中して、農作業もまじめに行っていない場合が多いのです。

私が北海道に戻って来た頃には、株式投資の損失の累計は2000万円程度になっていました。

いろいろな株本を読み、時には投資クラブにも数十万円を納めて入会しましたが、やはり長期で見ると、サラリーマンが株式投資で成功するのは困難です。

普通のサラリーマンをしていて、どこに2000万円もあったかと思われる方がいるかもしれませんが、私は貧乏育ちなので、贅沢ができない性分です。

テレビドラマ「北の国から」の最初のように、ボロ小屋で育ち、物心ついた頃には、父は病弱でいつもお金に不安を抱えていました。

そんなわけで、就職してからは、毎日、自炊していたので、とてもお金が貯まりました。

就職して買ったクルマは、平成6年製の中古のトヨタ・ビスタ（ディーゼルターボ）。走行距離12万キロも走っていたものをコミコミ30万円で買って乗っていました。燃費もよくて、1リッター20キロは走りました。本当にお金のかからない車で、へたなハイブリッド車よりも低コストでした。

車検は学生時代から陸運局へ行って自分でやっています。自分で車検をすると、手数料が0円でできます。

東京から転勤する際、車検が切れたので廃車にしましたが、廃車にしたのは今でも少し後悔しています……。

出世の道を捨て、兼業農家の道へ

私が就職してから数年は、病気の父の状態も杖で歩ける程度だったので、母と祖父、祖母でなんとかやっていたみたいですが、祖父が認知症になって入院し、祖母も高齢であまり手伝いができなくなりました。

そんな中、私が帰ってくる前年には、父の病気が悪化し、電動車椅子生活で入退院の繰り返しでした。

台風で実家のビニールハウスが倒壊したのを片付けるために、会社に1週間ほど休暇をもらって帰省したとき、その状況を知り、どうにかしなければいけないと強く思いました。

私の会社では、自分の都合で転勤を希望することは、これから出世がないことを意味していたので、かなり悩みましたが、私は独身ということもあり、家族を含めたトータルで将来のことを考えて、帰郷することを決意したのです。

それから数年して、案の定、同期入社の人たちは係長になっていますが、私はいまだに係員です。ただ、見た目が係長なので、安い給料で係長並みの仕事をしているのがちょっと悔しいですが、仕方ありません。

ちょっとした工夫で、農作業は楽にできる

最初から順調に農作業ができたわけではありません。

休日だけとはいえ、週5日働いたあとの肉体労働はかなりきついものがあります。何度も嫌になったこともありますし、病気の父や母と何度も口論をしました。

いざ手伝うとなると、次から次へと仕事があるのです。例えば、ビニールハウスのビニール張り（冬はビニールは外して畳んでいるため）、野菜の苗床づくり、野菜の苗植えなどのように、しゃがんでする仕事は意外と疲れます。

精神的に参っていて、土日はベッドからなかなか起きられないこともしばしばでした。

力仕事はほとんど私が担当しているため、とても体力の消耗が激しいのです。さらに、土日

限定の作業ということもあって、けっこう高密度な作業になる傾向があります。

ネガティブなことばかり書きましたが、ちょっとしたことで、解消することができました。私がやっていた解消方法をいくつかお教えしたいと思います。

- **疲れたら一服する。甘いコーヒーやコーラを好きなだけ飲むこと。**
- **意外なことですが、1日の労働時間（農作業時間）を長くして、日曜日の午後に少しゆっくりできるようにする。**
- **クイックマッサージに行く。**
- **できるだけ土日以外に同僚などとの飲み会を入れてストレス発散をする。**
- **月1回は温泉または銭湯に行く。**

本当に単純なことですが、効果はてきめんです。平日にほかの仕事を持ちながらの農作業は、やはり大変なところはありますが、ちょっとした気分転換を入れるだけで、その負担は思いのほか軽減できるのです。

野菜栽培の高収益にびっくり!

野菜は面積あたりの収益が、米や小麦、大豆に比べて非常に高いです。どれくらい違うかというと、作物によっては10倍以上違います。

簡単にいうと、10000㎡(1ヘクタール)の面積で概算で次のようになります。

麦は30万円の利益
大豆は40万円の利益
米は80万円の利益
長ネギは600万円の利益

気候が順調という仮定の話ですから、大雨や台風、作物の病気などで左右されますが、これくらい収益に差が出ます。

机上の計算で言えば、単純に収益の高い作物をつくれば計算上はうまくいくはずですが、はじめは慎重にやらなければなりません。

麦や大豆なども、薄利多売でつくっている農家もありますが、面積が大きくなると、天候や除草作業、病気の影響も大きくなり、思うように儲かるものではありません。

また、稲をつくるのも、減反政策などで新しい農家の人が参入するのは難しいですし、機械を揃えるのにも多額のお金がかかります。

そこで、新しく農家を始める方におすすめなのが野菜栽培です。

どんな野菜を栽培すればいいのか

野菜栽培でおすすめなのが、ビニールハウスでピーマン、アスパラ、ほうれん草などの野菜を栽培する傍ら、畑で長ネギを栽培する方法です。

もともと、長ネギは需要があり、しかも長持ちしない野菜のため、コンスタントに需要があります。

また、中国の農薬混入問題などで、国内での需要も激増しています。

病気を出さずにつくれれば、必ず儲けが出る作物です。

ただ、注意点は、苗や肥料、農薬にある程度のお金をかけるため、病気を出すと、その部分が赤字になってしまう点です。

ほかにもキャベツ、ブロッコリーなどもありますが、その年によって値段が乱高下しているので、運が悪いと、まったく儲けが出ず赤字になる可能性もあります。

私の子供の頃に、キャベツやブロッコリーをつくっていたことがありましたが、値段が急落し、出荷しても赤字になるため、そのまま畑ごと廃棄にして、ロータリー（畑を耕す機械）でおこしてしまうことが多々ありました。

値段が大きく動くといえば、穀物もそうです。今話題のバイオエタノール問題で、大豆や小麦が数倍になっていますが、相場によってはまったく儲からないときがあります。そういう意味でも、依然として野菜の栽培は有利なのです。

新規参入する人は、穀物相場が上がっているからといって、間違っても、やみくもに麦や大豆などの穀物をつくってはいけません。それでは、安定して生活できるほどの収入にはなりません。

野菜の相場はどんどん上がっている！

野菜の中でも、作業あたりや面積あたりの利益は千差万別なので、作物選びを間違えたら収益の上限も決まってしまいます。

ここ数年、中国野菜の農薬問題で、もともと利益が高い作物である野菜の値段が高騰しています。

というよりも、なかなか下がらないのです。

この本を書いている今年は、中国製の農薬入り餃子問題で、野菜価格はものによっては2倍以上に上がると思います。実際、今年から原油が2倍程度に上がっているので、もっと値上がりする可能性があります。

中国で安全な野菜をつくれたとしても、まず中国国内の需要を満たさなければならないため、輸出量は減るでしょうし、中国国内の物価が上がっているので、値段を極端に安くはできないでしょう。

なお、これだけの原油高ですから、農機具の燃料代は気になるところでしょうが、軽油が1リットル200円になったとしても利益はたいして減らないのです。

今後は、冬にビニールハウス栽培をやるというバカなことをしなければ、燃料代などについては全然気にしなくてもいいと思います。

冬に燃料を使って儲かる作物はめったにありませんし、コストがかかるので不作の場合のリスクが非常に高いのです。

農業のフランチャイズには騙されるな！

以前、関東で私が起業家セミナー関係の仕事をしていたとき、イベント会場でイチゴ栽培のフランチャイズを宣伝している企業がありました。私の実家が農家だったので、話を聞きましたが、どうもインチキくさいのです。

ビニールハウスで年中収穫できると宣伝しているのですが、冬はどうやっても収穫高は落ちますし、暖房代も膨大になり、儲かるはずがありません。

説明を聞くと、エクセルの表やパワーポイントで事細かにコストと利益を説明してくれましたが、仮定している生産高がちょっと多いという可能性に直感的に気がつきました。

農業転職フェアなどでは、このようなインチキ・ベンチャー企業もあり、農業への転職希望者から加入金を騙し取ろうと目論んでいますので、気をつけなければいけません。

地元の同級生の家で、夏だけイチゴ栽培をしている家があったのですが、そんなフランチャイズに入っていなくても十分やっていけています。

どうも起業家イベントでの農業関係の宣伝はインチキくさいイメージがありますので、注意が必要です。

農業は投資とは違う

農業をやっていて本当にお金がかかるのは、農機具などの資材や肥料です。

農業は投資と違うので、利回りで計算してはいけません。株式や不動産とは違います。

農機具は必要な最低限を順次そろえていくのがいいのです。余分なお金が何千万円もあったり、機械が好きな人は別ですが、余裕があれば年々順番に機械を増やしていくような形が望ましいでしょう。

農家で倒産する原因のほとんどは、農機具の購入と土地の購入の借金です。

以前、倒産する原因を語った本を読んだことがありますが、簡単に言えば、スピード違反をしていたといえます。

実力以上に経営を大きくした場合に、倒産することが多いのです。

儲けは多少少なくても、年々経験を重ねていけば、結果的に大きな規模で安定した経営ができるようになるものです。

資材や肥料、農薬は、農協から必要な分だけ買うのがいいです。とくに肥料や農薬は作物によって使う量の指定があるので、安いからといって三流メーカーやホームセンターなどで買ってはいけません。

安いメーカーは成分の中身が少し違っていたり、悪徳業者の場合は、主要成分を薄めて原価を抑えている場合もあります。

今が農業参入のチャンス！

野菜の相場は、以前は毎年、最盛期に供給過剰で値段が下がっていました。下がるといっても、採算割れするくらいまで下がるので、出荷しないで畑を潰すようなこともしばしば起こっていました。

しかし、ここ数年は違います。

中国の問題などで、消費者も国内産志向になり、値段が高値で安定しています。みなさんが農業へ参入するには、最高の時期かもしれません。

第1章

素人でも農業参入は簡単にできる

農地は借りるのが安上がり

サラリーマンや定年退職者の方が農業を始める場合は、農地を借りるのがいいでしょう。数年やってみて儲かったら、そのお金で買っても遅くありません。

農地は基準の価格が地域で決まっていますので、どんなに田舎でも、なかなか安くは買えないものです。農地取引には、その地域の農業委員会の許可が必要ですので、たとえ安く売りたい人がいても、安く買うのは困難でしょう。

また、農地を所有すると、用水の使用料の水利費がかかりますので、借りるほうが気楽ですし、安価に利用できるはずです。

最近は離農が進んでいますので、離農した農家の家と農地を安価に借りられます。だから、農業を始めるのに、そんなにお金はかかりません。

家と農地がセットでなくても、家から30㎞圏内であれば、農業は可能です。

農地が安く借りられる田舎であれば、空き家もあるでしょうから、それを安価に借りるのもいいでしょう。

具体的には、農地は1ヘクタール10万円くらいで借りられます。購入すると1ヘクタール

200万~300万円はしますので、購入するよりも借りたほうがだんぜん効率的です。場所によっては、無料に近いような値段で借りることも可能でしょう。

農地と古家をセットで借りるなんて、そんなにうまい話があるのかとお思いでしょうが、そんな事例は至るところに転がっています。

実際、私も最近まで祖父の古家（畑900坪付きと鉄骨納屋とトラクター付き）を月3万円の賃料で、不動産賃貸専門会社のエイブルに貸し出しを依頼していましたが、借り手はいませんでした。結局、その物件は、近所の不動産会社の人にアドバイスをいただいて、2カ月くらいで思わぬ高値で売れました。

農業をやるにあたって、農地や家を買うには、いまだに価格が高い傾向にあるので、借りるというのが得策です。

農地や古家は、その家の子供や親戚など権利を主張する人が売る段階になると出てきますので、運がよくない限り、安値ではなかなか買えないものです。

どうやって農地を見つけるのか？

農地の取得については、やはり自分の足を使って探すしかありません。

役場の農政課、農業委員会、農協という順番で相談していけば、借りられそうな農地が必ずピックアップされるはずです。

農業を引退した人は、売るのは渋りますが、喜んで貸してくれる傾向があります。売ると、たいして高くないのに、面倒な手続きや税金がかかりますし、土地に愛着があるためです。

これからの時代は、私たちの親の世代（60歳前後の人たち）で景気のいい頃に就農した人々がどんどん引退することになります。お米や麦などの穀物をつくっていても儲からないからです。

農業の最盛期に就農した人々が引退することになるので、これから農業を始める人にとって、農地取得などの面で有利になるかもしれません。

地方では、すでに過疎化などで離農問題が深刻になっています。

このような状況ですので、農地や住居探しはあせらずに行ったほうがよい条件の物件が見つかるでしょう。

地方によっては、お金を出すので畑を使ってくれということもあるかもしれません。

農地が見つからないからといって、すぐにあきらめずに、お金を貯めながら候補地をじっくり探していきましょう。

農家になるには許可が必要

野菜農家になるのであれば、5～10ヘクタールほどあれば十分な広さです。そのくらいの面積の離農者が多いので、農地を見つけるのには苦労しないでしょう。

借りられる農地は、離農地ばかりではありません。離農地のほかにも、貸せる人がいれば貸したいという潜在的なニーズが隠れているので、定期的に就農したい市町村の役場などを巡回すれば、見つかると思います。

農地がありそうな場所が見つかったら、それで終わりというわけにはいきません。就農を歓迎してくれる農協と農業委員会であるかどうかも確かめておかなければなりません。せっかく農地があっても、許可を渋られたのでは就農できませんから。

農地を借りるには、その市町村の農業委員会の許可が必要ですが、市町村の農政課に行けば、諸手続きについて詳しいことを教えてもらえます。

また、農業をする場合、農協への加盟が農地取得等の条件になりますので、その地域の農協への加盟が必要になります。

農協はほぼすべての農家が加入している組織です。農薬などの農業資材の購入、農作物の出荷場の運営、Aコープというスーパーの運営、金融業務などを行っています。

農協の組合員になるためには出資金が必要で、農協によって異なりますが、数万円程度から出資できます。

加入の条件は、10アール以上の農地を持っているとか、農業に従事している日数など、いろいろありますが、農協によって規約は異なりますので、自分に合った農協に加入する必要があります。

条件に合わなくても、受けるサービスが異なる準組合員になることもできます。

農協に加盟すると、出荷した売り上げが農協の口座へ入ってきたり、農薬などの購入代が引き落とされます。

サ　ラリーマンをやりながら農業をするには

会社員が農業をする場合、会社まで通勤できる範囲で住居を探す必要がありますが、特別な都会でない限り、30キロくらい離れれば、農業地帯はあるのではないでしょうか。

片道30キロ前後の距離でも、田舎ですと1時間以内で会社へ通勤できるので、遠さを気にする必要はありません。

逆に、農地の近くに移住して、そこから会社へ通勤する場合には、新たに住居を探す必要があります。

農業地帯にはだいたい離農の空家があるので、農地を探すついでに人が住んでいないような空家も探しておきましょう。運がよければ、土地の借料だけで農地と空家をセットで借りられるかもしれません。

空き家でも、休みの日に風通しなどの管理をしているような家ならいいのですが、潰れかけたような古家は危ないので、やめましょう。そんな古家はリフォームするにしてもお金がかかりすぎます。

「農地の空き家なんて……」と思って敬遠する人がいるかもしれませんが、そんな人は多少お金をかけてリフォームしましょう。

友人に築100年以上の広い古家をリフォームして住んでいる人がいます。生活スペースのみを200万円かけてリフォームしています。家の中を拝見させていただいたのですが、見違えるほどきれいな洋室やユニットバスなどになっていました。多少余裕のある方はこのようなやり方も有効でしょう。

また、ここ数年で農家をやめて街に移った人は、意外と休みの日に家を管理していますので、そうした家を借りれば、少し手を入れるだけですぐに住めるはずです。

農地と住居は年70万円で借りられる

離農農家をそっくり借りることができれば、かなりお得です。相場としては年間70万円程度です。

このような農地を探すためには、やはり就農する前に時間をかけて、近くの農村地帯の役場等を巡回し、よい農地があれば借りたいということをお願いしておかなければなりません。

個人宅に直接訪問するのは、田舎の人は嫌いますので、慎まなければなりません。反対に、農協や役場のほうから話が来れば、スムーズに話が進んで、金額も相場並みにしてくれます。

借りるにあたっては、10年単位の契約書が必要になる場合もありますので、会社勤めの人であれば、できるだけ生活圏の近くで農地を探すほうがいいでしょう。

現在、農村地帯は不景気の影響で、離農も毎年進んでいますし、人口の流出も続いているので、意外とよい農地があるものです。近くの農家でも借金をしてまで農地を買わないので、離農したら、住宅と農地がそのまま残っています。これから就農するために借りたい人にはチャンスかもしれません。

例えば、北海道では、札幌圏を離れると、大量に離農農地があります。

場所のよい農地と古家のセットはなかなか出ない可能性はありますが、農地と古家は点在していますので、よく探せば農地の近くに古家があるかもしれません。

古家の管理はけっこう面倒なので、安い値段で貸してもらえるはずです。ボロボロの物件ですと、年間10万円で喜んで貸してくれるでしょう。

農業を始めようと思ったら、まず役場に行こう

トラクターや耕耘機《こううんき》、作業機の中古機械を揃えても、そんなにお金はかかりません。

大規模農家が増えていますので、小型トラクターや耕耘機、作業機の中古市場はどんどん在庫が増えていて、安価に買えます。

ただし、中古農機具屋は、高額な値段をわざとつけていることがあるので、適正な値段をヤフーオークションや、北海道の農協・ホクレンで運営しているアルーダ（http://www.aruda.hokuren.or.jp/index.html）などで調べるのがいいでしょう。

就農フェアなどが各地で行われていますが、ダイレクトに農業に参入する場合は、やはり役場の農政課に相談するのが手っ取り早いと思います。

農業に参入するには、役場と農業委員会と農協が関係しているので、トップの役場に聞きに

行けば展開が早いでしょう。

農家として認められるには、地域の農業委員会と農協で基準が決められています。農家として認められるには、一般に2ヘクタール以上の農地を借りるか買うかしなければなりません。2ヘクタールというと大きな面積に感じますが、実際にやってみると、けっこう小さい面積に感じるものです。

また、農地を借りたり買ったりするには、農業委員会の許可が必要です。農業委員会は各市町村に設置されており、役場の職員と農家の代表者からなる農業関係の許認可権を持つ行政委員会です。

委員は毎年、各地区ごとに選挙で選ばれますが、たいてい持ち回りで行われています。

農業委員会は、農地を宅地に変える農地転用の許認可も行っており、新規参入者の農地取得には厳しく審査をしているため、申請書など煩雑かもしれません。ただし、書類は煩雑ですが、だいたいは許可がおりる仕組みになっています。

農 地転用はなかなかできない

余談ですが、私も祖父の使わなくなった土地を宅地に変えるための農地転用を農業委員会にお願いしたことがあります。しかし、対応は大変厳しく、なんだかんだと理由をつけては許可してくれませんでした。

「農地転用はダメなんだ」と知り合いの不動産会社のおばさんと世間話をしていたら、祖父の土地のとなりの人が最近、2カ月で農地転用をして、宅地として転売しているよと教えてくれました。

本当は個人情報で見られない書類なのですが、おばさんは書類まで見せてくれました。名前を見ると、町会議員をしている農家の人なのです。やはり、議員の人はうまいことやっているんだと思います。

数日後、農業委員会に「この人はやってるじゃないか」と電話をしましたが、なんやかんやと理屈をつけてはダメだと言うばかり。

私も腹がたったので、30分くらいクレームを言いました。

結果的に、農地転用はダメだったのですが、相手の人も気分を害したと思いますので、ここはとりあえず痛み分けというところです。

時期を見て、また農地転用のお願いにうかがおうと思います。

農業の知識はどうやって学ぶのか

私の考えでは、農業をするにあたっては、事前に学校などに行って学ぶ必要はありません。世間一般の常識を持っている方であれば、各作物の教科書を読めば十分に就農できます。

では、農業の教科書はどこで手に入れればいいのでしょうか。

それは、農業高校の教科書販売をしている書店に売っています。「農業基礎」などの基本的なものと「野菜」などの各作物の教科書を購入して、読んで学べば十分です。

あとは実践をしながら、農協や農業改良普及センターの普及員にわからないことを聞いて営農していけます。

経営自体に関しては、会社勤めされている方であれば、簡単な簿記やＰＣ操作もできると思いますので、難しいことはありません。あとは就農に集中するだけです。

どうしても不安がある人は、インチキな就農準備校みたいな学校には行かずに、近いところで大規模に農業をしている農家に土日だけアルバイトに行き知識を学びましょう。

アルバイトをする農家を選ぶときは、これから自分がつくる作物をメインにつくっている農家に行くべきです。極端に言えば、酪農家に畑作を学んでも、全然役に立ちませんから！

一生懸命やる人には、時給もたくさん出してくれるでしょうし、相談にも真剣にのってもらえるはずです。アルバイトを自分から申し込む人はめったにいないので、きっと一目置いてもらえるはずです。

なお、農家でアルバイトをする場合は、就農準備していることを話し、素直にわからないことはわかるまで聞くことです。農作業を体験できるだけでなく、それ以上のノウハウも教えてくれて、一石二鳥の効果があります。

アルバイトとはいえ、農家によってはアルバイトの使い方が荒かったり優しかったりしますので、覚悟を決めて挑みましょう。

使い方が荒い場合でも、時給がけっこう高かったりしますので、そこは我慢しましょう。

私自身、学生時代に農家にアルバイトをしにいったことがあります。とてもハードな仕事でしたが、昼ごはんや休憩のお菓子などが十分に振る舞われ、日当も1日1万円という学生時代の私には驚くほど高い賃金でした。

最初から農家の人のアドバイスを受けてはいけない

ただし、最初に農家の人にやり方を聞いてしまうと、基本がおろそかになり、話すほうも聞くほうも主観が入ってしまうので、決定的な間違いをする可能性があります。

私も大学生時代、工業大学だったので、複雑な理論や計算式などがあり、同級生同士で聞き合ってテストに臨んでいましたが、どうにも間違いが多かったのです。それをやめて、教科書をまずマスターし、わからない箇所は先生に聞き、テストに挑むようにしてからは、ほぼ満点に近い点数を取れるようになりました。

どうも、完璧じゃない人が教えることには、どこかに間違いが隠れていることがあるので注意が必要です。やはり、事前に、教科書で基本的な知識を身につけたり、農協や農業改良普及センターで一般的な方法を聞くことは、すごく大事なことです。

そして、一番やってはいけないのが、目当ての作物はつくっているものの、毎年何かしら失敗している農家に話を聞くことです。そんな農家に聞いても、間違ったやり方を教わるだけです。はじめはどの農家が失敗しているのかもわかりませんから、農協や農業改良普及センターなどの専門家に聞くことをおすすめします。

2 50万円あれば、農業を始められる

とりあえず250万円の資金があれば、農業を始めることができます。

250万円の内訳は、次のとおりです。

・古家と農地7ヘクタールの賃料……年間約70万円
・軽トラ代……20万円
・トラクター……20万円
・プラウ（畑を荒く耕す機械）……5万円
・ロータリー（荒耕し用と仕上げ用）2台……10万円
・防除機（トラクターの後ろに付けるもの）……10万円
・その他の資材費……50万円
・アルバイト、パートさんの賃金……50万円

大雑把ですが、このような感じです。

なお、中古農機具は、在庫がなかったりすると値段が異常に高値になっていることもあるので注意が必要です。

農機具も言い値で買うのではなく、値切って買うべきです。私も友人の農機具探しで試しに値切ってみましたが、だいたい20％は値下げしてくれます。

農機具の中古の店頭値段は値下げを見越して高く設定されていますので、余裕を持って、安くなるか安いのが見つかるまで待ちましょう。

農作業は週2~3日で十分

農作業は週2~3日で十分です。

私の場合、土日に力仕事や面倒な仕事をやって、平日は母にハウス野菜の収穫などをやってもらっています。家に手伝ってくれる人がいなければ、パートさんに頼めばいいでしょう。

週2~3日といっても、ほかに仕事がある兼業農家では、休みがないじゃないかとお思いかもしれませんが、農作業をしない日もあります。そんな休日は、家でゆっくりしたり、買い物に行ったりしています。

これから週末農業を始める方は、工夫をしたやり方をしなければいけません。週末農業をするためには、メリハリをつけて、平日は家族やパートさんに軽作業や諸事務を任せ、核になる仕事を自分がやるというふうにする必要があります。

朝は早起きして、何時に起きれば、週末だけでその作業が終わりそうかをざっくり考えて計画を立てます。

私の場合、忙しい時期には、朝4時から畑に出て、8時にいったん家へ戻り、朝食を食べてからまた農作業という日もあります。

忙しいからといって農作業は急いでやってはいけません。急いで行うと、間違いの元になりますし、怪我もします。農業で怪我をすると、日常生活に支障があるような大きな怪我につながりますので、慎重に行わなければなりません。

作業が多いときこそ、時間をかけて行う必要があります。作業が多いときに時間をかけると、意外と仕事がはかどるものです。

もし本当に時間がかかって手が回らないなら、アウトソーシングです。面倒な草取りや出荷の手作業などは、家の人やパートさんに任せればいいのです。自分にしかできない仕事、例えば、主にトラクターの稼動やその他もろもろの下準備、軽トラの運転などに集中したほうが、作業は効率的に行えます。

農 作業は4つのパートに分かれている

農作業は、単純に分けて、次の4つのパートに分かれます。

①畑の養生……耕す、肥料を撒く
②作物の植え付け……種蒔き、苗植え
③維持管理……草取り、農薬散布
④収穫……刈り取りなど

4つのパートのうち、作物の植え付けと収穫の間は作業量が少なく、週1日程度の作業で大丈夫です。

ひとつの作物ではなく、複数の作物をつくる場合には、この作業のローテーションを考えて植え付けを準備します。

技術的なことは、農業の教科書を読んでいただきたいと思いますが、どの作物もこれが基本となっています。

はじめて農業を始める場合は、スケジュールは無理をせず、年々、可能な限り少しずつ増やしていくやり方をしたほうがいいでしょう。

最初は野菜を1ヘクタール（10000㎡）と、穀物の麦か大豆を1ヘクタールつくるのが最良だと思います。

これくらいの面積だと、奥さんに平日草取りを任せて、土日に旦那さんが機械などの作業をするといったように、夫婦だけでも余裕をもってできます。

この規模ですと、年間４００万円から６００万円程度稼ぐことができます。慣れてくれば、このやり方を応用して面積を増やし、家族やパートさんなどを使って１０００万円程度は楽に稼げるようになるでしょう。

野菜4割、小麦6割がいい

野菜は単価が高いですが、手間がかかります。

古くから稲をつくっている農家が多いのは、ある程度人手があれば、大きな面積をつくれるからです。

ただ、稲作は設備投資が膨大にかかるので、私の家ではできません。

麦、大豆などをつくると、国から少し補助金が出るので、最近では野菜と麦の組み合わせが多くなっています。

麦などをつくる目的は、それだけではありません。野菜は水分が多いので、毎年同じ土地でつくると、病気が発生しやすいために、ローテーションでつくっているのです。

麦の代わりに大豆、小豆も有効です。ただ、これらはたいして儲からないので、収入源としてはあてにできません。

野菜の病気とは聞きなれない方が多いと思いますが、簡単に言えば、腐ってしまう菌が蔓延して、出荷できる製品にならないということです。

ベテランの農家でも、毎年病気を出して大損をしているのを見かけますので、気をつけなければいけません。

昨年も、私の家より大きくてよいネギをつくっていた近所の農家の方が、秋に病気を大量発生させ、大損をしていました。

あとで父と分析したのですが、その農家は面積を毎年大きくしていっているものの、ローテーションがうまくいっていなかったためではないかと思われます。

病気によってどれだけ大損を被るかと言うと、野菜を出荷できない場合には、春からの一連の肥料、農薬、人件費、燃料代が無駄になるのです。

野菜の内訳は長ネギ8割、ピーマン2割

野菜のトレンドは現在、長ネギになっているようです。

中国の農薬問題などで毎年値段が上がっています。

葉物野菜なので、在庫を置けないことも、値段が安定している理由です。芋や玉ねぎ、ニンジンなどは、冷蔵すれば1年以上保存できますが、葉物野菜は保存期間が短いために、八百屋やスーパーなどで売れ残ったものはほとんど廃棄されています。

長ネギ以外にも、注目すべき野菜があります。それはピーマンです。

ピーマンは単価が安いのですが、値段が数十年間安定しているので、野菜界の安定株みたいなものです。ピーマンは1本の木から何十個も採れるので、面積あたりの収益が大きいところも利点です。

長ネギもピーマンもマーケット自体が大きく、売り手市場なので、いくらつくっても出荷できるというのもよい点です。

私は、長ネギ8割、ピーマン2割の割合で野菜をつくるのが、現状ではいい組み合わせだと見ています。

ほかにも、ほうれん草や赤シソなどはつくりやすくて、売りやすい作物です。ただし、赤シソは、私の家でもつくっていますが、売る時期を逃すと、仕入れ業者が買わなくなり、出荷することができなくなります。作物ごとの市場を把握しておくことが大切です。

こうした作物のつくり方は、農協に行けば、ある程度のことを教えてもらえます。ただし、一般論的なつくり方が多いので、経験をもとにアレンジをしなければなりません。

つくり方をマスターするには、その地域の農業改良普及センターの普及員に基本的なことを聞いて概要をつかみ、それから専門書やその作物で成功している農家にやり方を聞くと、だいたいマスターできるでしょう。

そのほか、素人が手を出さないほうがいいという野菜もあります。例えば、大根、玉ねぎ、ニンジン、カボチャ、イモといったものは、素人がやっても絶対に儲からないので、つくるのはやめましょう！

というのも、大根、玉ねぎ、ニンジン、カボチャ、イモは、かなりの肥料と農薬、設備、広大な土地が必要だからです。

適当につくっても、大きさや長さ、残留農薬濃度など細かな農協の基準があるので、なかなか出荷できません。

とくに、かぼちゃやイモは糖度が関係するので、大変難しい作物です。

素人でも扱えるトラクターのコツ

どんな作物をつくるのかが決まったら、次は畑の準備です。

畑の準備としては、春に、プラウという機械をトラクターの後ろにつけて、荒い耕しをやっておきます。

植える直前に、ロータリーという機械で土をさらに細かく耕し、その後、アッパーロータリーという機械で細かい仕上げ耕しをして準備をしておきます。

この工程で、どんなに荒れている土地でも、ホームセンターで売られている土のようにふわふわの滑らかな土になります。

トラクターの運転は難しいイメージがありますが、意外と簡単です。

操作も単純ですので、4、5回乗れば、問題なく運転できると思います。

トラクターの運転のコツは、まっすぐ運転すること。畑をおこすロータリーを付けた状態で、誤差10センチくらいで運転できればいいと思います。

ベテランの人は誤差数センチらしいのですが、最初はそこまで精度を出せなくても影響はないでしょう。

車の運転がきちんとできる人なら、必ずトラクターもうまく運転できるようになります。

私もはじめは「こんな大きい機械を精度よく動かすのは無理」と思っていましたが、慣れると、乗用車感覚で運転できます。

慣れてくると、トラクターの操作盤の上にテレビを付けて、それを見ながら作業することもできますし、キャビン付きトラクターであれば、暑い夏でもエアコンをつけて快適に作業

荒く耕すプラウ

細かく耕すロータリー

アッパーロータリーで仕上げ耕し

できます。

トラクターなんて大きな投資をするよりも、耕耘機で十分じゃないかと思う方もいるでしょう。実際に、耕耘機を使ってみてわかったのですが、とても足腰が痛くなるので、早い時期に、古くて安いものでいいのでトラクターを買うことをおすすめします。

農作業をして一番こたえるのが、足腰の疲れです。耕耘機を操作すると、畑の起伏があるので、ある程度、手で修正しなければいけません。そのため、足や腰に負担がかかり、意外と体力を消耗してしまうのです。

畑づくりのカギは堆肥撒き

畑の準備は、土が乾いているときに行うのがよいとされています。作業については、小さなトラクターでも時間をかけて丁寧に行えば、よい苗床になります。

畑を耕すときには、堆肥を撒くのですが、これが重労働です。

ちょうど私が北海道に転勤した年の4月に、土が乾いてから、ピーマンと赤シソ用のビニールハウスに、軽トラで運んだ堆肥を撒いてトラクターで耕しました。

この堆肥撒きの仕事は、本当に重労働です。この仕事をやってしまうと、ほかの仕事が楽に

堆肥を撒くのに便利なマニュアスプレッター

思えるほどです。

堆肥撒きはスコップやホーク（スコップみたいなもので、先がフォーク状のもの）で畑に撒きます。はじめての方は、一度やってみるのもいいかもしれません。

堆肥は近所の農家から安く分けてもらったものを使っています。なぜ安いのかといえば、農家をやめたばかりの近所の家で不要になった堆肥を全部売ってもらったためです。

堆肥は熟成のために5年程度かかりますが、この堆肥は熟成されていて最高の状態でした。

堆肥は化学肥料に比べて、極端に窒素の成分が少ないため、化学肥料の10倍程度の量を畑に入れなければなりません。

私の家では、化学肥料と堆肥を併用して使うことによって、堆肥の土の質がよくなるという性質を引き出しています。堆肥だけだと、何トンもビニールハウスに運ばなければならないので大変だからです。

堆肥を畑へ撒く場合は、一般にマニュアスプレッターと呼ばれる機械を使います。畜産農家が近くにあれば、家畜の糞尿などで堆肥をつくっていて、機械も持っているので、お願いして撒いてもらう方法もあります。

初心者は化学肥料でもかまわない

一般的に、有機栽培では堆肥をすすめていますが、それは、土に残る栄養成分が豊富で、作物の病気予防にもつながるからです。化学肥料ですと、時間が経つにつれて、空気中に窒素などほとんどの栄養分を放散してしまうのです。

しかしながら、野菜栽培に新規参入される方には、堆肥を使うことはすすめていません。というのも、化学肥料で目的は済んでしまうからです。しかも、店で買うと堆肥は高いので、最初は農協の化学肥料でいいのです。

実際、私の家もビニールハウス以外は化学肥料しか使っていません。それで土がやせるのかというと、そんなことはまったくありません。

麦や大豆などをローテーションでつくれば、麦わらや根粒菌が天然の肥料の代わりになって土が蘇ります。

堆肥は作物が病気になりにくく、生育も少し早くなる効果がありますが、はじめて農家をやる方にとって、堆肥を使うかどうかは、そんなに重要なことではないのです。農業に慣れてきてから使ってもいいのですから、最初はこだわりなく化学肥料を使いましょう。

4 4～5月が作業の山場、多くの作物はつくらない

畑耕しなどの準備は主に土日に行っていますが、4～5月はゴールデンウィークがあるため、意外と時間があります。

ただ、比較的時間があるといっても、4～5月は植え付けなどがありますので、かなり忙しい時期です。そして、ここの期間を過ぎれば、しばらく作業はなくなります。

植え付け作業は、長ネギの場合、4月末から2週間おきに、面積と品種を分けて、収穫時期をずらして行う方法が一般的です。

農業をはじめて行う場合は、春は忙しくなるので、忙しい時期が重ならないように、作付けする作物を少し控えめに搾ったほうがいいかもしれません。

スケジュールが立て込んで作業が間に合わなくなると、撒いた肥料や、野菜の苗などが無駄

になりますので、注意が必要です。

農業をやるというと、自給自足のイメージで多様な品目をつくりたくなりますが、最初は2品種くらいから始めたほうがいいでしょう。

また、家庭菜園でいろいろつくろうと考える方もいると思いますが、結論から言うと、疲れるし、片手間ではおいしい野菜はつくれないので、家で食べる野菜はスーパーで購入しましょう。

近所の農家からもらうのもいいのですが、きちんとお礼をしなければならないので、結局、お店で普通の野菜を購入したほうがお得です。

出荷する野菜をつくるのであれば、作付け面積ははじめは控えめにしたほうが無難です。作付け面積の基準としては、ビニールハウスなら50メートルハウス1棟と、畑で長ネギなどの野菜を5反（約5000㎡）くらいつくるのがちょうどいいでしょう。

農業は、理論上、面積を増やすと、儲けは増えるのですが、机上の空論になってしまうことが多いので、自分の実力や体力にあった面積で作付けしましょう。

作業が大変な部分はアウトソーシングする

苗の準備は、自分で種から蒔くのでなく、農協などで苗を買う方法をとっています。

これは、時間の節約にもなりますし、今は燃料代も高いので、このほうがコスト的にもお得だからです。

苗植えも長ネギに関しては、ほかの農家の方に苗から植えてもらっているので、ほとんど面倒な作業はありません。

俗に言うアウトソーシングです。こうすれば、専用の農業機械も必要なくなり、設備費の節約になります。また、作業時間もなくなるので、自由時間も増えます。

ビジネスの世界でもアウトソーシングがあるように、農業でも難しいところはアウトソーシングすべきです。

私の家では人手がないので、苗植え、草取り、収穫はほかの農家の方にお金を払って行っていただいています。

草取りもほとんどパートさんにお願いしています。

はじめは人件費が気になりましたが、田舎なので賃金は時給700～800円。7時間労働でも、1日5000円程度で作業を行ってもらえるのです。

ただ、パートさんとは言っても近所の方なので、それなりに気をつかわなければなりません。

私の家では、通常の時給に50円程度上乗せして、休憩時のお菓子などは出さないことにしています。

これも経営の効率化になります。普通の農家では、肉体労働ということもあって、午前10時と午後3時の2回の休憩時に、ジュースと菓子パンを用意する習慣がありますが、お金で手当てすることによって、そうしたものを用意する時間と手間が省けます。パートさんにとっても、時給が上がるので喜ばれます。

さらに私の家では、飲み物を常時10本くらいクーラーボックスに冷やしておき、作業場に置いているのも、パートさんたちに好評です。ジュースはなるべくスーパーで箱買いして用意していますが、飲んでおいしいものを探して購入しています。安くてもおいしくなかったら、仕事のやる気が出ませんから。

機械を借りて自分でやるのも安上がり

アウトソーシングは新規に就農される方にはとても役に立ちます。できないことは、何でもアウトソーシングするのがいいようです。

農作業は、どうがんばっても、慣れと機械がないとうまくいきません。たいていの農家の人なら、種蒔き、麦の刈り取りといったことは朝飯前のようにささっとやってくれます。

それに、一般企業のアウトソーシングと違って、法外な料金は請求されません。

最近は、農家も法人化しているため、現金収入となるほかの農家の仕事を積極的にするところが増えてきています。

植え付けをお願いしたときの費用がいくらになるかは一概には言えませんが、利益から見た場合、10％未満くらいです。

高価な機械を必要とする部分は、機械を持っているベテラン農家に任せるほうがコストをおさえることができます。機械の購入代と維持費がないので、新規に始める人にとっては断然有利です。

作業をお願いする値段は、面積や作業内容によって違いますので、近所の農家の人に聞いてみましょう。

新規参入される方でも、会社勤めで身につけた商談術を使って、いろいろなアウトソーシングを駆使できるでしょう。そうすれば、効率的な農業をすることができます。

単純で簡単な作業であれば、近くの農家や農業法人に利用料金を払って、機械を借りる方法も有効です。

私の家でも、たまに大型ダンプやバックホーなどを借りて、稲わら運びや排水堀りなどの作業をすることがあります。

この方法は、家のリフォームなど、簡単な作業にも活用できます。個人ではできないような土木作業も、機械を借りて簡単に自分でできるので節約になります。ただし、注意しなければいけない点があります。機械を借りるのはとても安価なのですが、農機具は老朽化していることも多く、そうすると簡単に故障します。故障した場合、借りる料金が安い分、責任を持って修理して返却しなければなりません。下手をすると、何十万円という修理代を負担することになります。機械に慣れていない方は、この点に気をつけなければなりません。

「自分がやる仕事」と「人にお願いする仕事」

農作業では主にどの部分を自分でやるのかといえば、作業的には軽いものの、時間や手間のかかる畑耕しや農薬散布、野菜の収穫などです。

【自分でやる仕事】

畑耕し
肥料撒き
農薬散布

ビニールハウス全般
長ネギの土かけ
野菜の収穫運搬

【人にお願いする仕事】
春の融雪剤撒き
麦・大豆の種蒔き
長ネギの植え付け
草取り
ネギ出荷の雑務

このように、「自分がやる仕事」と「人にお願いする仕事」を分けて、効率的に農作業することで、土日だけの農作業でも十分な収穫が得られました。

最初の年は、野菜の量をあまり多くつくっていませんでしたが、その年の冬になって、父と母から「野菜の利益で400万円以上にのぼっている」と聞かされました。土日だけの作業にしては、思った以上の利益で、少し驚きました。

植え付けは3回に分けて行う

植え付け作業については、注意すべき点があります。

植え付けは、一般的に、3段階に分けます。これは、品種や時期の違いによって、病気や天候のリスクを避けるためです。

ここ近年、このリスクはだんだん大きくなってきています。

1年を通して温暖で適度に雨が降れば最高ですが、ここ10年くらいは異常気象で、干ばつや豪雨によって、被害を受けることも多々あります。

また、遅く植えた長ネギの場合、生育はよいものの、暑さによって根が腐ったり、台風によって折れて製品にならなくなったりします。

根が腐るというのは、長ネギの白い部分（俗に言う、白根の部分）が腐ってしまうことです。一度腐ると、植え付けの仕組みによって、次々と横の長ネギの根に移り蔓延していきます。

ただし、いろいろな病気や虫対策の薬があり、農協で定期的にアドバイスを受けることができるので、防除機で適宜に防除を行えば、多少は回避できます。

養生がうまくできれば、高値で売れる

養生については、5月中は北海道の場合、気温が夜寒いため、雨と空気を少し透過するポアポアという白い布状のビニール製品をかけておく方法があります。こうすることで2倍程度成長が早くなります。かけ方はいろいろありますが、北海道では風が強いため、肥料袋に土を入れたものを重しにしてかけています。ほかにも、金具で押さえる方法や直接周りの土をかける方法などがありますが、土の重しは風で飛ばないので手間がかかりません。

早い時期の長ネギは、市場の流通量が少ないため、値段が2割以上高くなっています。出荷のペースがそれに間に合う程度にポアポアをかけるのも得策です。

ポアポアは農協で買うことができ、値段は5メートル×150メートルで2万円程度です。耐久性は意外とあって、3年以上繰り返し使えます。

アレンジのやりすぎは慎重に

ほかにも養生の方法はいろいろあります。野菜のつくり方には、自分なりのアレンジが必要

で、養生にもさまざまなアレンジ方法があります。

とはいえ、アレンジが当たればいいのですが、失敗もあります。

昨年、アレンジをしすぎて失敗しました。

小さいビニールハウスのようなものを長ネギの畝《うね》に1本1本つくるというものです。これは、父が友人から聞いてきた方法です。父はこの方法に強く関心をもったらしくて、絶対にやるといって譲りませんでした。そのため、私は父と口喧嘩になりました。

私「構造的に暖かくなるのはわかるけど、こんなのかけたら雨が入らなくなるから、水不足になってしまうよ。ビニールをかけるのはやめよう！」

父「確か、この農法は農業の教科書に書いてある有名な方法だから、成長は絶対に早くなるはずだ。試しに15列だけやれ」

私「こんなにビニールをかけたら、雨が入らないから成長できなくなるよ」

父「友人のKさんがやっていた方法だから、それなりに効果はあるはずだからやってくれ」

どんなに説得しても、父が納得しないので、結局、試しにやることになりました。

いつも来てくれるアルバイトのおばさんが、用事があって来られないとのことだったので、急遽、近所の父の友人夫婦に手伝ってもらいましたが、今までで一番つらい作業になりました。

長ネギの畝1本1本に、プラスチックの棒とビニールでマルチという小さなビニールハウスをつくって、周りを土で固める作業は、想像以上に辛かったのです。

父の友人夫婦もかなり疲労したみたいでしたし、私の母も次の日、初めてダウンして、畑に出てこなかったほど……。

しょうがないので、最近農家をやめて遊んでばかりいる、隣りのおじさんに、急遽、アルバイトをしてもらって、残りの長ネギの養生作業は終わらせました。今思い出しても二度としたくない作業です。

そうして2カ月ほどたってみると「百聞は一見にしかず」のことわざどおり、案の定、失敗して、水分不足で成長が遅れた長ネギができました。

なんと、2週間後に植えた長ネギよりも、成長が遅れていました。

教えてくれた農家の人も長ネギをつくっているのですが、実は、マルチビニールをかける方法は数年やっていないとのことだったので、よく考えてみれば、やる価値のない方法だったようです。

でも、農業の教科書には出ている有名な方法らしいので、ほかの作物には役に立つかもしれません。

ただ、不幸中の幸いで、長ネギの性質上、腐らなければ、新しい芯が中から出てくるので、時間をかけて大きくし、成長が遅れたものも全部出荷することができました。

あとで聞いたのですが、この方法は最近ではほとんど使われていないらしいです。人と違うやり方をする場合は、ダメでもともと的な精神でやらなければいけません。

長ネギには欠かせない土寄せ

長ネギには、土寄せ（泥寄せ）というものがあります。長ネギの白根の長さを人工的に長くするために、定期的に土を積み上げていく方法です。

白根は、土でまわりを囲うと、上に早く伸びる性質があるためです。

市場では白根が長いほうが高値で売買されるため、適度に長くしなければなりません。長ネギは、白い部分をいかに多くつくるかが早い出荷のポイントになります。

私もそれを知るまでは、長ネギの白根は気にしたこともありませんでしたが、料理店などで使われておいしいとされ、人気なのが白根の長いまっすぐな長ネギなのです。青い葉のほうは、繊維っぽいのと残留農薬が非常に濃い濃度で残っているので、通常の料理店では捨てられているそうです。

私が関東に住んでいた頃、国内産は高いので中国産を食べたことがあります。中国産も見た目は同じなんですが、硬くてとても食感が悪かったです。自分の家でつくった長ネギと食べ比べると、違いが歴然としていました。

たぶん中国では、強い化学肥料で大きくして、多量の農薬で消毒して育て、低コストで出荷しているからだと思います。

土寄せは、車輪がついている耕耘機を使って行っています。耕耘機の後ろにロータリーが付いていて、そのロータリーを逆回転させて、土を飛ばしながら、長ネギの畝に土を段階的に盛っていく方法です。

長ネギの規格にもよりますが、盛っていく山の高さは最大で50㎝になります。

また、土寄せの合間に、適宜、追肥をしなければいけません。

はじめの頃は、母が追肥を手で撒いてくれて、そのあとを土寄せしていきました。

最初は耕耘機がまっすぐ走らず、土もうまくかかりませんでしたが、やっていれば慣れるもので、2回目くらいからうまくいくようになりました。

ただ、土の状況によって、だんだん土が固くなるので、腕と腰がとても疲労したものでした。

土寄せは意外と時間がかかるため、1日のほとんどの時間をかけなければなりません。

はじめは体に筋肉がなかったため、とても疲労し、会社帰りに時間をみつけてはクイックマッサージに通ったものです。

利益が出たら積極的に設備投資！

2年目に、乗用型の追肥機付き機械を導入したので、土寄せの作業がとても楽になりました。基本的に安易な設備投資に私は反対ですが、父が便利な機械の重要性を強く主張していたので、相談して機械の購入を決めました。もちろん、前年に利益が出ていたので、投資効果も十分あると踏んだわけです。

この乗用型の土寄せ機械は、理論上の話はわかっていたのですが、実際に操作をしてみると、今までの耕耘機での作業とは段違いに楽々作業ができます。

なんて便利な機械なんだろうと心底思いました。

早さも数倍だし、パワーもあります。肥料撒きもボタンひとつで自動で行えるんです。最高の機械に出会いました。

このときに思ったことです。ある程度節約して、昔ながらの機械で農作業をすることは大事なのですが、利益が出たら、設備投資を惜しまないことも、これからの農作業ではポイントになるかもしれません。

なにも毎年設備投資をするわけではないので、負担する金額もしれています。

会社に勤めながらの兼業農家の場合や、利益の範囲内で設備投資をするのであれば、大きな借金は必要ないでしょうから、農業で失敗してもそれほど負担はないので安心です。

ちなみに、この機械は、今までの2倍の広さを2倍の速さで土寄せをしながら肥料撒きができます。これだけできて値段は約150万円です。この機械はマメトラという会社がほとんど独占でつくっているものです。

購入するといっても、価格が高いので、近所の長ネギをつくっている農家の方と共同で購入しました。処理速度が数倍になるため、たとえ2軒で使っても作業時間は短時間で済み、設備投資額も半額になるからです。それに、小さいエンジンの農業機械は、消耗品的な意味合いもあるので10年以上は使えません。

数軒で共同で機械を購入するという方法は、古くから行われていますので、資金が少ないうちは有効な方法です。

ただ、あとから考えると、機械を運ぶのに多少時間がかかるのと、使う最盛期の日程調整が面倒なので、私の家一軒で買ってもよかった気もします。投資金額は楽々1年で償還した計算になるので、経営面から見るとそれほど負担はなかったのです。

防除作業は忘れず念入りに行う

防除作業は意外と重要です。

大きく分けると、作物の病気の除去・予防をする薬と害虫を殺す薬があります。

最近、健康志向で無農薬栽培が好まれていますが、無農薬では儲かる農業はできません。少量をつくっているのであれば、運よく虫や病気になることがない場合もありますが、大量につくる状態で無農薬にするのは無謀です。

昨年、びっくりしたのですが、麦刈りの際、麦畑にいたイモ虫が風で長ネギ畑に移り、大量に長ネギを食い荒らしていたのです。

私が長ネギの育ち具合を見るために、畑全体をパトロールしていたら、茶色の夜盗虫（ヨトウムシ）というイモ虫が、小さい長ネギをあちこちで食い荒らしていました。どうやら、風で麦畑から飛んできたようです。北海道にいるヨトウムシの品種は、中国からの外来種で、爆発的に繁殖しているらしく、生命力も強いので注意が必要です。

このヨトウムシは、すごい速さで食い荒らしていました。

すぐに農薬散布を行いましたので、大惨事には至らなかったのですが、防除は大事です。

防除作業が大切だといっても、農薬を撒きすぎる必要はありません。農協でも低農薬栽培を推奨しており、農薬の種類や時期などを指導してくれるようになっていますので、農薬を多く散布しすぎることはないようになっています。

逆に、作物に農薬散布をしすぎると、残留農薬が濃くなって、農協での検査に引っかかり、一時出荷制限などのペナルティーがあります。

無農薬や減農薬栽培はやってはいけない！

一般に市場では、無農薬・減農薬栽培作物は、高値で売られていますが、そのような農法でのリスクは底なしになるのを考えなければいけません。

無農薬・減農薬栽培作物は、害虫や病気の発生状況によっては全滅になることもあるので、リスクが無限大になります。

家で食べる分を無農薬・減農薬栽培でつくるのなら、規模が小さいので失敗してもいいのでしょうが、商売ではそうはいきません。

新規就農者の方は、少しでも無農薬・減農薬栽培作物をつくりたいと考えるかもしれませんが、病気の菌や害虫は近くの畑に風などで移動しますので、少しの面積であってもそのようにつくることは避けたほうがいいでしょう。

スーパーなどで無農薬・減農薬の野菜を値段が高くても好んで購入する人もある程度はいると思いますが、それは全員ではありません。やはり農協の基準に合ったものをつくって、農協で出荷するのが効率的でしょう。

よくテレビのドキュメンタリー番組などで、農業の私塾を開いているカリスマ的な人がいますが、化学肥料や農薬を極端に嫌い、無農薬栽培を頑固に塾生に教えています。しかし、これでは、儲かる農業には程遠いものになってしまいます。

防除作業は、良質の作物を大量生産するための手段なので、できる限り徹底して行いましょう。

防除作業である程度の農薬を蓄積すると、人体に害があるというテレビ番組を見たことがありますが、作業服と防毒マスクをつけて作業すれば、ほとんど無害です。

私自身、風の関係で、まともに防除液を吸い込んでしまったことが何度もありますが、防除液は濃度が極端に薄いためか、何事もなく平気でした。

農薬散布・防除のポイント

農薬散布は、トラクターの後ろに防除機を付けて行います。この防除機のアームを伸ばして、

防除機を使って農薬散布

そこから散布を行います。

中古の防除機で、トラクターに合うものがなくても、水の量で重さを調整すれば小さいトラクターでも使用可能です。

理想的には、キャビン付きのトラクターで、農薬を浴びないように作業するのが安全ですが、キャビンが付いていないトラクターで農薬を散布するときでも、防除用のフィルター付きマスクをすれば安全です。

私の家では、キャビン付きで、かつ空気清浄機付きの古いトラクターで行っています。

キャビン付きトラクターでも、中古であれば100万円前後で購入できますので、収益が出てから購入しても遅くはありません。

防除用の水は、私の家の場合、掘り抜き井戸が湧いているため、それを使っていますが、ほとんどの農地では用水があるので、防除機の水中ポンプで吸い上げれば大丈夫です。

防除は大切で、適時にするために、会社からの帰宅後に作業をする必要がある場合もありますが、トラクターでの作業は疲れませんので、必要なときには深夜まで行うこともあります。ほとんどの農家では多様な作物をつくっているため、防除が遅れがちになり、病気の原因になっています。新規就農される方は、少ない面積から徐々に作付けを行い、完璧に防除できるようにしましょう。

農協基準に合わせなければ、出荷できない

野菜を出荷するには、農協の指導どおりにつくらなければなりません。

農協に出荷する作物には、厳しい肥料・農薬の検査があるので、基準に達していなければ出荷できません。

基準というのは、化学肥料や農薬をあまり使わずに、残留農薬を少なくするという基準です。この基準は、農協ごとに違いますので、注意が必要です。

肥料や農薬だけでなく、形についての規定もあります。

作物ごとに、ある程度の範囲内で規定のようなものがあり、S、L、LLなどといったサイズ

が決まっています。もちろん、規格から外れているものは出荷できない仕組みになっています。

こうした農協の基準や規定に合わせるために、出荷には人手がある程度必要になります。私の場合、土日に長ネギの出荷を集中させ、土日以外の日に、母やパートさんにほかの作物の出荷作業を任せています。こうすることで、高効率な農作業をしているわけです。

出荷のスケジュールはうまくコントロールする必要があります。収穫時期が限られているものと安定して出荷できるものをうまく組み合わせないと、大変なことになるからです。収穫時期が集中して、求められる出荷のタイミングに収穫できないと、腐らせてしまい、廃棄しなければなりません。また、スケジュールが重なってあまりに忙しいと、精神的にもよくありません。

農 作業は10月末で終了

なんだかんだ言っても、毎年10月末には農作業は終わります。

長ネギの収穫を終えると、あとは後片付けのみなので、土日もゆっくり過ごせます。

とはいえ、雪が降る前に畑の片付け、農機具のメンテナンス、農機具の収納を行わなければなりません。

私の家の場合、まず、不要になったピーマンの枯れ木を片付けます。ビニールハウスの中のピーマンの木やビニールを丸めて捨てます。ビニールは普通のごみに出せませんし、公害になるので燃やせませんが、定期的に市町村で集めてくれるので調べておくと便利です。

野菜の枯れ木は、空いている土地に積んでおくと、翌年に潰れて水分が飛び体積が少なくなるので、それを待って野焼きにします。ただ、市町村によっては、野焼きは禁止されているのでご注意ください。

10月はじめまでは、長ネギの出荷が最盛期なのでとても忙しいですが、それが終わると、嘘のようにゆっくりできるようになり、自分の時間ができます。

秋にすることは農機具の収納と整備

農作業が終わったあとの時期は、農機具の納屋への収納や整備などをやります。

秋にすることは、雪が降る前に農機具などの収納を行うことですが、農機具を収納する納屋がなくても大丈夫です。ビニールハウスなどで余ったビニールを農機具に被せて、紐でしばっておけば、冬を越しても全然痛みません。

ただし、冬に農機具をそのまま外に置いてしまうと、雪などの水分が稼動部分に入り込み、グリスやオイルの劣化を招きます。また、風雪や太陽光線が直接当たるため、錆やプラスチッ

冬がくる前に、農機具にビニールをかける

ク部分の劣化を招き、結果的に春のメンテナンス費用を増やすことになります。ですから、丁寧な処理が必要です。

納屋でも、窓の近くに農機具を置いておくと、太陽光線でプラスチック部分の劣化が著しく早まるので、納屋の窓には使わなくなったシーツなどで軽くカーテンをして劣化を防ぎましょう。カーテンを買ってもいいのでしょうが、農業をやる以上は、再利用できるものは可能な限り再利用するというのが経費削減になります。余った布など、光を遮れるものであれば何でもいいと思います。

太陽光線は機械の劣化を促進しますので、注意が必要です。外で保管する場合は、もちろん劣化しやすい部分が多くなるので、あらかじめブルーシートをかけてからビニールで包み縛ります。

古い納屋の窓ガラスが降雪などで壊れた場合は、ビニールハウスの古くなったビニールで塞いでおくと、風も入らず長持ちするので経費節減になります。また、私の家では納屋のシャッターも壊れているのですが、古い納屋に経費をかけるのはもったいないため、冬だけ同じようにビニールで塞いでいます。

お金をかけるところには惜しまず投資することが必要ですが、経営に関係のない建物の補修などは慎重に行わなければなりません。

農業をやっていると、修理するという選択肢以外にも、意外と選択肢はあるものです。

農 機具のメンテナンスは自分で簡単にできる

オイル交換やグリスの注入などといった農機具の整備は自分で行っています。

トラクターや軽トラ、乗用車のエンジンオイルは、トヨタ中古ディーラーの出入りの営業のUさんに頼んで原価で買っています。

私の家ではUさんからここ8年くらい家族の車を買い続けているので、消耗品は激安の原価で売ってもらっていますし、修理もかなりお得にしていただいています。ガソリン用もディーゼル用も、純正で上級ランクのトヨタ純正キャッスルオイルを格安で買って使っています。

さすがにトヨタの純正上級グレードだけあって、エンジンも好調になります。

この前買ったのは、20リットルのガソリンエンジンオイルが7000円、ディーゼルエンジンオイルが6000円くらいでした。現在は少し上がっているかもしれませんが、ホームセンターで買うよりも4割くらいお得です。

バッテリーも一般のお買い得価格よりもかなり安く買えるので、たまにお願いすることもあります。

グリスの注入は、農機具の稼動部分に数箇所注入口が付いていて、そこに注入ポンプで入れていきます。

グリスポンプやグリスはホームセンターで買うのがお得です。こういう消耗品は、農協で買うと2~3倍することがあるので、ホームセンターで買うべきでしょう。

このような整備を行いつつ、1年が終わっていきます。

第2章

なぜ1000万円超の収入になったのか

面積を2倍に拡大して1000万円

私が農業の収入で1000万円超になった大きな理由は、毎年、長ネギの作付け面積を増やしていったからです。

最初から大きい面積をつくればいいように思われるかもしれませんが、農作業の効率性を身に付けるためには時間が必要です。農作業は、計画だけ大きくつくっても、慣れてないと体がついていかず、失敗のもとになります。

実際に倒産している農家を見ると、能力に合わない無理な面積拡大をして失敗しています。

私の場合、①1年目に思っていたよりもロスが出ずに出荷できたこと、②長ネギの値段が高かったこと、③農作業が早い時期に終わったことなどが成功した要因です。

当初、経験のない私は、単純に面積を増やすべきじゃないかと言っては、父と喧嘩したものです。

私「長ネギの作付け面積を2倍くらいにしたら、利益も2倍になるから、来年は増やそうよ」

父「単純に増やしても、病気が出たら大赤字になるし、人手もないからダメだ」

最初の年の秋には、こんなやりとりをよくしていました。

結局、2年目は長ネギ作付け面積を1・5倍くらいまで増やすことにしました。7反→10反です（1反＝991・74㎡）。

もともと私は企画系の仕事をしていたので、作業の段取りを立てるのが向いていたのかもしれませんが、考えて作業をすれば、少しずつ効率的にやれるものです。

2年目にある程度成功したこともあり、3年目には、父と母は面積を増やすことに積極的でした。土地の面積には限りがありますので、2倍という面積で落ち着きました。1・5ヘクタールほどです。

こんな感じで、段階的に長ネギ作付け面積が2倍になりました。

結果的に、3年目には長ネギで800万円、ピーマンで200万円、その他もろもろで1000万円以上の利益がありました。

最新マシンの性能はどれほどか

前章にも書きましたが、長ネギの土寄せ乗用作業機を近所の農家と共同で買うことになりました。サラリーマン生活が長かった私は節約することが最善と考えていたので反対していましたが、今思えば買って正解でした。

ただし、農作業機は、どれも高額なのでよく考えて買わなければなりません。

1台新品で約150万円の機械は、通常の耕耘機の倍以上の速さで2列を土寄せできるので、単純に効率性が4倍になります。また、付属の肥料撒き機も同時に使えるので、だいたい5倍の効率性となります。2軒で共同で買ったので、負担したお金は半額の75万円程度になりましたが、費用対効果は抜群でした。

長ネギをつくる農作業は土寄せ作業が半分を占めますので、面積拡大の際には大事なアイテムです。

農作業をするとき、しゃがんだり、歩きながらする作業は体にこたえます。長ネギの土寄せ機は、これまで耕耘機で歩きながらやっていた仕事を運転席で座って操作するだけで済むようになったという点で、画期的な機械です。

歩きながらの耕耘機操作は、畑の状態によってとても力が必要ですし、長時間力を入れていると足腰も痛くなります。

その点、乗用タイプの機械は、操作棒を動かすだけなので、長時間運転しても疲れません。片手でジュースを飲みながら、余裕でポータブルラジオやCDを聴くこともできます。

夜間作業用のライトも付いているので、忙しい時期は夜遅くまで作業をすることができます。耕耘機ですと、夜間用のライトがありませんし、たとえ付いていても、夜暗くなってからの作

座ったまま操作ができて、効率は５倍！

業はなかなかできません。夏から秋にかけては、夜７時くらいには暗くなりますので、それから作業ができるかどうかによって、１日の作業量がかなり違ってきます。

エンジンは耕耘機とたいして変わらない大きさですが、ミッションなどがうまく組み合わされた機械なのでパワフルに動きます。しかも、ガソリンエンジンながら、エンジンが小さいため、それほど燃料を使いません。

また、肥料を撒く量の調整ダイヤルもあるので、とても便利です。

運のよいことに、この土寄せ機はモデルチェンジしたあとの機種だったので、とても使いやすい設計になっていました。

土寄せ乗用作業機を使ってみて、農業はほかの業種よりも、最新機械を導入することによる作業効率の向上効果が大きいことを実感しました。

最新機械を農作業に取り入れると、意外と作業短縮に役立つことがありますので、クボタなどの営業の方と世間話をしながら、便利な機械のことを聞いておくのも重要です。

共同で機械を購入するときの注意点

長ネギの土寄せ機械はクボタで販売していたもの（つくっているのはマメトラという小さい会社）ですが、クボタは国内の小さな特殊機械を扱っている農業機械会社の代理店になっているため、いろいろなものが買え、修理などのサポートもしっかりやってくれます。

私の家で買ったこの機械は、共同で買ったこと、私が土日中心の農作業で短期間に集中的に全開のパワーで使ったことなどから、数えただけで10回以上壊れましたが、近所のクボタの営業所で無料で全部修理してくれました。

このへんが新品を買ったときの業界ナンバーワンのパワーだと感心しています。

私は土日中心の作業なので、土日に壊れやすいのですが、そんなときには所長をはじめ社員の方々が休日返上で修理にきてくれたことが多々あり、感謝しています。今年に新車のトラクターをクボタから買うことになるので、企業戦略なのかもしれませんが……。

トラクターに付ける整地キャリア

長ネギの土寄せ機械は、値段が定価で150万円程度と高いですが、利益が出た次の年には導入したいものです。機械自体は10年ももたないような耐久性がないものですが、新品を買うと数年はクボタで無料で修理してくれるので、どんどん使っていったほうがいいでしょう。

私が使っていて一番壊れたのが操作棒のワイヤーですが、すべて迅速に修理してもらいました。最初から壊れそうな弱いところは、遠慮せずに修理してもらうのもよい方法かもしれません。

機械を共同で買うのは、価格が人数割りになるのでとてもお得ですが、使いたいときに使えない場合があるので、予備の機械も必要です。私の家ではそれまで使っていた耕耘機があったので、故障や使われていたときでも、なんとかスムーズに処理できましたが、うまくいかないと、作業が遅れ、出荷が遅れる原因になります。

共同で買う場合は、なるべく近いところで、面積をあまりつくらない農家と共同で買うのがいいでしょう。

機械の移動は軽トラの荷台でもできますが、私の家ではトラクターの後部の3点リンクに付ける富士トレーラの整地キャリアで運搬を行っています。上げ下ろしがトラクターの油圧でできるので移動が楽にできます。

富士トレーラの整地キャリアは中古で5万円程度で売られているので、余裕があれば買っておきたい農機具です。

土 寄せ機械の注意点

従来は、耕耘機で土寄せを行っていましたが、各農家でつくる長ネギの面積の大幅な拡大に対応して、新型の乗用タイプの土寄せ機械が開発されたのは、すでに書いたとおりです。

私も1年目は耕耘機で土寄せを行いました。慣れるとまあまあ早く行えますが、土寄せ回数を重ねるごとに地盤が固くなって、エンジンを全開にしないとなかなか土を盛れなくなるので、大変な作業になります。

これが、乗用型の機械になると、耕耘機とは比べ物にならないくらい早いのです。耕耘機で4～5日かかっていた作業が1日で終わってしまうのです。

1年目はなかなか遊びに行けなかったのですが、この新型機で土曜日に作業をやってしまえば、日曜日に遊びに行くことも可能になります。

操作的なものは、私でもすぐに慣れたくらいですから、誰でも可能な作業です。

気をつけなければならないのは、回転部のロータリーの歯に体をはさまないようにすることです。意外と、手や足など農機具にはさまれて失う人が多いので、注意しましょう。

また、小型農機具は、エンジンの磨耗が激しいので、頻繁にエンジンオイルを交換しなければなりません。

土寄せ機は共同で使っていますが、相手の農家の方はエンジンオイル交換等のメンテナンスをあまりしないので、私が毎回早めに交換をしています。

エンジンオイルは、トヨタ中古車屋のU氏に格安で譲ってもらったトヨタ純正キャッスルガソリン用オイルの上級SJランクのものを使っています。通常は高いオイルですが、ほとんど原価で買っているため、1回あたりのエンジンオイル交換の1・2リットルは、500円くらいの費用になります。交換時間も慣れれば10分程度しかかかりません。

これを整備工場で交換してもらうと、3000~5000円はかかるので、自分で行うべき仕事です。

交換した廃エンジンオイルは、農機具の修理や、車の修理時にトヨタなどにお願いすれば無料で引き取ってもらえます。

また、グリスアップという稼動部にグリスを注入するメンテナンスも行っています。農機具の稼動部のグリスアップはベアリング等の磨耗を防ぐので、事前に故障を防ぐ予防策になります。

グリスポンプは1500円程度、グリスカートリッジは100円前後でホームセンターで売られているもので十分です。

最 新鋭機にはいろいろな利点がある

私は農業を始めて2年目から、長ネギの土寄せ機などの最新機種を導入しました。機能的に優れているのも確かですが、いろいろな性能や便利機能が追加されているので、農作業をしていて気分的にもよくなります。

例えば、古い軽トラだったら、

- **運転席が狭い**
- **ミッションがほとんど4速しかない**

・燃費が悪い（リッター10㎞しか走らない）
・最高速度が時速80㎞くらいしか出ない
・荷台の幅が狭い

というように、作業をしていてストレスを生じやすくなっています。

一方、新しい軽トラだと、

・運転席のキャビンが幅も奥行きも広くなっている
・ミッションがほとんど5速まである
・燃費がいい（リッター14㎞くらい走る）
・速度が時速100㎞くらい余裕で出る
・荷台の幅が広くなっている

というように、作業が快適にでき、かつ時間の短縮につながります。新しい軽トラでは、エンジンが軽やかになり、運転席も大きく、荷台も幅広くなっています。一番いいのは最高速度時速１００㎞出せるくらい乗用車に近い性能です。

また、4WDの切り替えと4WDのローギヤもあって、相当な悪路や重いものでもパワフルに克服できます。古い軽トラだと、エンジンと相談しながらという感じの運転になってしまいます。

トラクターも高馬力のものに買い替え

今年の春に70馬力のトラクターを新品で購入しました。クボタのキャビン付きトラクターで、しかも最新機種です。

操作盤もすべてコンピュータで制御されているハイテクマシンで、性能もパワーも従来の機械よりもありますので、生産性も格段に上がります。

この購入に関しても、最初、私は反対をしたのですが、父が「利益が出た分で新しい機械を買うのだから、問題はない」と言って、説得されてしまいました。

家族で相談した結果、古いトラクターを下取りに出して、約450万円で購入しました。

クボタの決算時期が近くて、在庫機械を大幅に値引きしてくれたことと、最近の物価高騰で春以降に60万円以上の値上げを予定していたことなどもあって、駆け込みで購入をした感じです。

ちなみに、定価は７００万円程度の機械です。

本来、馬力のあるトラクターで畑を耕すのが理想とされていて、さらに細かく耕すと土質もよくなって、作物の生育もよくなります。

馬力があるトラクターを買うときは、ロータリーなどの作業機も大きいものに買い替えなければいけないので、注意をしなければなりません。

私の家の場合、古いトラクターの作業機がすべて使えたので、本体のみの購入で済みました。アメリカなどで多用されているジョンディアトラクターを購入する農家が増えていますが、営業店舗が少ないことなどもあって、故障したときの修理に時間がかかります。

ですが、新品の馬力当たりの価格が、国産のクボタなどと比べるとかなり安いので、大規模農家向けの機械だといえます。

2 年目以降の設備投資が大事

作付面積を広げて効率的な作業をするために、最新設備に投資をしましたが、最初は最小限の設備投資にとどめ、儲けが出たら次の年から積極的に行うのがいいでしょう。最初の年は多少手間がかかっても古い農機具で行うのがいいです。

また、トラクターさえあれば、多少の応用はききます。後ろにキャリアを付ければ、フォークリフト代わりになりますし、ダンプの代わりにもなります。古いものでもトラクターの3点リンクの持ち上げ力は1・5トンくらいの能力がありますので、その持ち上げ力を応用した作業であれば、なんでも活用できます。

昔ながらの古い機械はトラクターに付けられる多様なものがありますので、トラクター本体さえあれば、安価にいろいろな作業機になるのです。

麦の種蒔きも本当は専用の播種機が必要ですが、肥料撒き機でばら撒きすることもでき、いろいろ変則的な使い方もあります。

長ネギなどの畝の間の草取りも耕耘機で畝の間を耕していけば、かなり草取りの手間が省けます。

どうしても必要な作業機械があっても、資金的に無理があるなら、近所の農家の人にお金を払ってやっていただくのがいいでしょう。慣れている農家の人が作業すると、時間もかからないですし、狭い面積ならそれほどお金はかかりません。

私の家では播種機は高いので購入していませんが、麦や大豆の種蒔きはほかの農家にお願いして行ってもらっています。料金はそんなに高くなく、1ヘクタールで5万円程度です。

5万円は少し高いというイメージもあるかもしれませんが、燃料代や機械の購入代、人件費を考えると激安です。

ほかにも麦や大豆の刈り取りなどもお願いしており、穀物類の重要部分はアウトソーシングをしています。

刈り取りのコンバインも、米農家で広大な面積をつくっていれば、コンバインを購入しても採算は合いますが、麦や大豆など単発で使うようであれば、機械を購入しても減価償却するまでに10年くらいかかります。

また、コンバインは中古で購入するとメンテナンス代が非常に高いので、ほとんどの農家では新品で購入する機械です。理由はいくつかありますが、刈り取り機能、脱穀機能など精密な機構となっているため、老朽化するとうまく作動しなくなるためです。

中古コンバインが非常に安いのはこのためです。

2年目以降に設備投資をする場合にも、本当に必要なものとアウトソーシングするほうがいいものとを見極めて購入しないと、後々の負担になります。

2年目以降に設備投資するなら、野菜用のビニールハウスやトラクター、ロータリーあたりにお金をかけましょう。

どんなトラクターがいいのか？

トラクターは、70馬力くらいのものが理想的です。相場的には中古で150万円くらいするキャビン付き4WDのクボタ製がおすすめです。

農家をしていない人からすると高いように思えますが、普通の農家であれば1台は欲しい一品です。

トラクターを購入するときは、農家をやめた人から購入するのが一番お得です。中古業者を通すと、どうしても整備料金などで50万円以上の上乗せがされるためです。

クボタ製は他メーカーよりも高いですが、耐久性や性能は抜群です。エンジンオイル交換、ミッションオイル交換、グリス注入をこまめに行っておけば、何十年でも使える耐久性を持っています。

実際、私の家で使っているクボタの40年以上前のトラクターも元気に動いています。

クボタの整備士に聞いた話では、クボタのトラクターエンジンは国内産で耐久性のある鋼鉄を使っているとのことで、無理な使い方をしなければ、ほとんど壊れようがないものらしいです。

ただし、70馬力以上になると、取り付けるロータリーなどの作業機サイズが大きくなり、作業機の値段が高くなるので注意が必要です。小さい作業機は使えないので、大きなサイズの作業機を買う必要が出てくるからです。

ロータリーなどの作業機は大きくなると100万円くらいするものもありますので、できるだけ中古で安く手に入れて、修理して使うのがいいでしょう。

ビニールハウスを安く買うには?

ビニールハウスは、新品で購入すると50メートルハウスで100万円くらいしますが、ビニールハウスで栽培する作物は面積あたり高収益な作物のため、順調にいけば2年程度で元がとれます。

ビニールハウスのビニールは、メーカーの耐久性では5年程度となっていますが、うまく使用すれば10年程度は使用できます。

ビニールハウスも中古で購入したほうが、安く購入できるのですが、なかなか売っていません。必要なくなった中古のビニールハウスの部品は、家に置いておいても邪魔なため、鉄くずとして処分されてしまい、流通していないのが現状です。

実際、私の家でも、昨年、要らなくなったビニールハウスの部品を鉄くずとして5000円程度で業者に売りました。

ビニールハウスは新品で購入すると高いので、近所の農家や地区の会合などで不要なビニールハウスがないかを聞いてみるのも手です。たぶん、自分で解体して持っていってくれるなら、お金は要らないという農家がほとんどでしょう。

廃棄するにも運ぶ手間があるので面倒だからです。面倒な割りに、鉄くずの値段は安くて5000円程度にしかなりませんので、喜んで譲ってくれるはずです。

5年くらい前、農機具の購入に対して国から半額の補助が出ていたので、そのときに経営のよい農家はビニールハウスを購入していることが多いため、意外と古いビニールハウスは畑の片隅に放置されているものです。

ビニールハウス栽培は手間がかかるため、だんだん新しくて広いビニールハウスで栽培するようになります。その結果、古くて小さいビニールハウスは余っていきます。

私の家にも畑の脇に古いビニールハウスの部材が置いてあります。父からは捨てて来いと言われていますが、まだ使えそうなので捨てられずにいます。

初めて農業に参入する場合、お金をあまりかけたくないなら、放置されているビニールハウスの部材を無料でいただいて、儲かってから新しいものを購入するのがいいかもしれません。

ただし、近所の農家から無料であげると言われても、5000円と菓子折りくらいは持っていきましょう。また、いろいろ協力してくれますので、気配りは大切です。

中古のビニールハウスの場合、金具やビニールは新品で購入しなければなりません。金具は1、2万円で購入できます。ビニールは大きさにもよりますが、10万円以上とけっこう高いのです。よい素材のビニールは、冬にきちんとたたんでしまっておけば、10年程度は使えます。とはいえ、あまり古くなると、日光の透過性が落ちるので、作物によっては8年程度で取替えなければなりません。

余裕があれば、耕耘機は新品がいい

耕耘機は、2、3年、中古で我慢しなければなりませんが、最近の耕耘機は性能が上がっていますので、余裕があれば新品を購入したいものです。

最新型の耕耘機は、軽く、タイヤもキャタピラー式のものもあり、とても使い回しがいいのです。

新品で30万円から40万円と少し高いですが、エンジンのかかりがよく、燃費もよく、パワーもあるので、1台いいものがあると、とても便利です。

ほかにも作物によっていろいろ使い勝手のいい機械がありますが、作業効率がよくなるのであれば、2年目以降の利益で購入するべきです。

激 安で農機具・農地を手に入れる

一番安い方法は、農家で使わなくなった農機具や故障して放置している農機具を無料、もしくはタダみたいな値段でもらうことです。

でも、いざお願いしてみると、あまり安い値段では売ってくれない可能性が高いので、ある程度、時間に余裕がないと使えない方法です。

地域の農協や農機具販売店で古くてもいいから安い農機具はないかと聞いてみるのもいいでしょう。

北海道の農協とホクレンではインターネット上でアルーダ（http://www.aruda.hokuren.or.jp/index.html）という農機具のネット販売を行っているので便利です。

アルーダは農家からの依頼でいろいろな機械を出品し、品揃えはとても幅広いのですが、値段が少し高めなのが難点です。

友人用にトラクターのロータリーと排土板を探したときには、友人の予算に合いそうな品物をいろいろ探したのですが、アルーダではロータリーが4万円、排土板が3万円程度となっていました。

遠い農協の出品となっていたため、送料はロータリーが3万円、排土板が2万円と言われました。予算がオーバーするのでどうにかならないかと聞いたら、担当の職員が2万円ずつ値引きしてくれました。

その経験から考えて、アルーダでは、値引きを見込んで販売価格と送料を多めに言っているようです。

アルーダでは、たまにトラクターなどで掘り出し物がありますが、最近は農業用トラクターの輸出が儲かるようで、農家以外の人の買い付けが多く、よい品物はすぐに売れてしまいます。安い値段で買うよりも、少し高くても程度のいいトラクターなどを値引きしてもらって購入するほうがいいかもしれません。

高い農機具はあまり売れずに残っているので、出品している農家の方も値引きして売れるなら と大幅な値引きが期待できるはずです。

以前、私の家で農業をやめた人からトラクターを購入したことがありますが、相場より50万円ほど安く購入できました。クボタの40馬力4WDキャビン付で価格は200万円でしたが、農家をやめる前に購入したばかりで新品同様の機械でした。

今年の春に70馬力の新型トラクターを購入するために下取りに出したら、250万円の価格で引き取ってくれたので、かなりお得な買い物だったといえます。

また、ヤフーのネットオークションで購入する方法がありますが、遠い地域の出品だと運送料がかかりすぎるので、なかなか条件に合う機械はないものです。ネットオークションの傾向ですが、本州では意外とトラクターは安い価格で落札され、北海道では値段が高い傾向にあります。

ちょっと危険な裏技

トラクターのメンテナンスで使う油圧ジャッキも激安で調達する裏技があります。

通常、トラクター用の専用ジャッキを農機具屋などで購入すると何万円もします。

実は、乗用車用の1・5トン用の油圧ジャッキでもトラクターが持ち上がるのです。規定のトン数で作業をするのが安全なのでしょうが、持ち上げるだけなら何トンでも楽に持ち上がります。

ですが、安全上は問題があるので、私は持ち上げたらすぐに、分厚い木材の廃材でつくった台をトラクターに敷くという使い方をします。

この方法ですと、ジャッキで持ち上げるのはほんの一瞬で、その後の重量は木材にかかるので安全に作業できます。

自動車用の油圧ジャッキは、規定重量の数倍の重量を持ち上げるパワーがあるのです。ちなみに今、私が使っている油圧ジャッキは、10年前の大学生時代に道端で拾ったものを修理して使っていますが、まだまだ平気に活躍しています。ただし、油圧ジャッキの作業には、万全の安全を心がけて作業をするようにしましょう。

干ばつへの対応ができれば、2倍の値段で売れる

設備を最新のものにしたり、激安の農機具を購入するだけでは、利益の増加にはつながりません。農業で大事なのは、気候変動に対する対策です。

現在、全国的に異常気象で極端な気候が多くなっています。とくに北海道では、春から夏にかけて、作物には雨が必要な時期なのですが、干ばつが多くなっています。

干ばつの対策としては、早めに作物の植え付けを行い、根を十分に育たせることです。残念ながら、畑づくりでの干ばつへの根本的な対策はありません。降雨を待つだけの状態です。

テレビで、スプリンクラーで作物に水を撒いている外国の様子を見たことがあるかと思いますが、実際は作物への水撒きはほとんどしていません。

水撒きをしない理由はいくつかありますが、水を撒くにはとてもコストがかかることが一番です。

ですから、収穫期を遅らせるのが精一杯の状況なのです。

長ネギをつくっていて一番生育に影響を与えるのが干ばつです。

年々春から夏にかけて降雨が少ないため、7月下旬の長ネギの値段が一番高い時期に、大量に出荷するのが困難になっています。長ネギの利益の3割程度が、7月下旬から8月までの出荷分で占めています。

8月までの時期は長ネギの出荷が少ないため、毎年2倍程度の高価格で推移しています。そして、8月下旬から出荷が多くなり、値段が普通に戻るのです。

ですから、最も値が上がる7月下旬から8月までに出荷できるようにすれば、高収益を上げることができるのです。

今後、干ばつがますますひどくなる気候になるようなら、スプリンクラーなどで水を撒くことも必要かもしれません。

春の畑おこしのときに、春の少ない雨を十分に土にしみ込ませるように、じっくり土をおこすのも対策のひとつです。

荒くおこすと、水分が下に抜けてしまうので、土質が細かくなるように耕さなければいけません。

秋の大雨・台風には注意が必要

また、8月下旬から秋にかけては雨が多くなるので、逆に畑が乾くようにしなければなりません。

畑を乾くようにするためには、水はけをよくすることです。基本的には暗渠《あんきょ》というプラスチックや土管で地下水路を埋める土木作業が必要になります。

私は大学生時代に、実家の暗渠工事を手伝ったので少し詳しいですが、畑づくりにはとても重要なことです。

暗渠ができない場合は、簡易な対策として、サブソイラーという機械を使うこともあります。これは、トラクターの後ろに付けて、地下に簡易の溝を付ける機械です。サブソイラーを使えば、暗渠をしていない土地でも大丈夫です。

ただし、サブソイラーで付けた溝は数カ月で潰れてしまうので、定期的な作業が必要になります。

長ネギは、干ばつには比較的強い野菜ですが、逆に夏や秋の大雨では病気になり腐りやすいのです。

収益を考えると、最初は保湿性がある土地がいいのですが、過度に水分があると秋には病気や根腐れの原因になりますので、バランスが必要です。

秋は台風が発生しやすいので、あまり大量につくると、台風のリスクもあります。台風がくると、強風で長ネギが折れてしまいますが、これに対しては、これといった対策はありません。

ただ、畝の端は台風で折れやすいものの、2本目以降はなかなか折れないので、そんなに被害は広がりません。

長ネギは量をつくれば収益は上がりますが、夏から秋口にかけては台風の襲来が多くなりますので、つくりすぎには注意が必要です。

作付けのレバレッジをかける

長ネギの出荷期は7~11月です。

7月末から11月はじめまでは出荷できるので、大量につくる場合は、この期間のうちにコンスタントに出荷できるように、植え付け時期を調整しなければいけません。

私の家の場合は、昨年、長ネギの作付けを大量に増やしましたが、遅く出荷する予定のものがたとえ出荷できなくても、利益が出るという計算をして作付けを行いました。結果的には、すべて出荷できたため、大幅な増収につながりました。

経験上、ある程度の利益を確保する見通しがつくのなら、出荷できずに廃棄するリスクも織り込んで、大幅に作付けを増やすのもよい手法です。

たぶん農業の教科書には出ていないと思いますが、この捨て身の方法が数年うまくいけば、利益ベースで数倍を稼ぐことができ、その後の設備投資などに有利になります。

無事全部出荷で、結果オーライ

初めの年は、要領がわからなかったのと、出荷のスピードが遅かったこともあり、台風の到来シーズンを迎え、長ネギの出荷が遅れてしまいました。

長ネギの出荷は、掘り出し時に土がつかないようにしなければならず、土が乾いた状態でなければできません。雨が多いと、なかなか出荷ができないのです。

台風で長ネギが数列折れてしまい、出荷できませんでしたが、残った長ネギを天候がよいときに無事に出荷できました。

なんだかんだ言っても、農作物は出荷できてしまえば結果オーライ。なんとか収益になるのです。2年目、3年目は、長ネギの値段がよかったこともあり、長ネギ農家の人の面積が急激に増え、出荷枠を巡っていざこざが始まりました。

なんとか土日中心に出荷枠をお願いし、病気で腐った長ネギをあまり出さずに出荷でき、増収となりました。

私の場合、土日中心で出荷をしているので、最初の年は少し疲れ気味でしたが、がんばればうまくいくもので、次の年からは早い時期にほとんど全部出荷できるようになりました。

リスクヘッジのピーマンで100万円以上の利益

収穫については、平日は、ビニールハウスで栽培しているピーマンの出荷を母に任せています。

ピーマンは、ビニールハウス1棟くらいでつくっておくと、ほかの作物が病気や悪天候で不作の場合にリスクヘッジになります。

幅5メートル、長さ50メートルのビニールハウスで、およそ100万～150万円の利益が期待できます。

この100万～150万円の利益ですが、計算上は増やせばいくらでも利益が増えそうなんですが、管理や出荷の手間が多くて、出荷を1人で行うとすると、50メートルビニールハウス1棟が限界だと思われます。

私の家では、母が長年の作業で慣れているので100メートルビニールハウスでつくっていますが、初心者の方は50メートルビニールハウスで十分です。

ピーマンは、長年値段が安定しているため、安定した収益を期待できる作物です。

ただ、根に埋めた灌水《かんすい》チューブで毎朝に水をやるため、用水の確保が必要です。私の家の場合は、掘りぬき井戸があるので、井戸の水をいったん貯水池に貯めて使用しています。

近くに川があれば、エンジンポンプなどで直接汲みあげることも可能ですが、川から遠い場合、ホース等の準備が大変なため、川から近い場所にビニールハウスを建てるほうがいいでしょう。

ピーマンは夏の最盛期に多量に実がなるので、母だけで間に合わない場合は私も手伝います。

これは、本当に根気の要る仕事です。

なお、ビニールハウスでの収穫は作業効率が非常に悪いので、パートさんにはお願いしていません。ピーマンの収穫と出荷に慣れていない人が行うと、時給よりも利益が下回り、費用対効果が小さくなるためです。

パートさんをお願いする作業は、草取りや畑での野菜の収穫がいいでしょう。

空いているビニールハウスには赤シソが最適

私の家では、春先には赤シソを少しつくっていますが、梅干をつくるための原料としての需要しかないため、7月末から8月中旬で出荷できなくなります。

このため、使っていないビニールハウスで赤シソをつくっています。それでも、30万円程度の利益になっています。

赤シソは、大量につくっても出荷できる量が決まっているため、多くはつくれませんが、休んでいるビニールハウスがあるなら、つくらない手はありません。手間もかからないし、土壌の改良になるので、空きがあるならとても有効な作物です。

病気を防がなければ、高収益にはならない

町の人が家庭菜園で育てているのは、ほとんど病気になっている野菜ばかりです。

よく家の横の家庭菜園でトマトやなすびを栽培しているのを見かけますが、実が小さいのや汚い模様が入ったトマトばかりです。

つくっている人は無農薬で形や見た目が悪くても健康にいいと喜んで食べていますが、実際は栄養価が少なく、食べてもたいして意味がない食べ物になっている可能性があります。

野菜に筋があるということは、傷がついているか、虫に食べられていたという証拠です。害虫などが寄生虫を入れている可能性もあるので、生で食べるのは考え物です。

最近の農協を通して使っている農薬は高性能なものばかりなので、残留農薬をほとんど気にしなくていいのです。

最近の作物は植え付けから出荷まで低農薬にしているので、農薬は雨などで空気中に放散してしまい、濃度的にも無農薬栽培とほとんど変わらないところまできています。

逆に言えば、野菜にひどい病気が発生してしまうと、低農薬のためなかなか回復できません。長ネギであれば、小さい頃の少しの病気なら農薬散布で収まるのですが、出荷前になると、病気になった箇所が回復できません。このため、出荷前に病気になった場合、その病気が付いた本数が廃棄としてロスになります。

水分が多い野菜が病気になると、たとえそれが小さくても、消費者に届くころには腐った状態になってしまい、一緒に梱包したほかの野菜まで腐ってしまうので、製品として出荷することができません。

家で腐った部分を取り除いて食べる分にはなんでもないのですが、出荷する製品としては、そうはいかないのです。

基本的に農薬散布は作物によって農協からある程度指導はしてもらえますが、野菜の病気は発生から蔓延するまで短い時間で進んでしまうため、こまめな見回りが必要です。ある程度ひどくなると、畑ごと廃棄してトラクターで耕してしまうことになります。

私自身、農作業の前に朝一で、畑全体を見渡すようにしています。

これまでも病気を2回発見し、害虫被害を1回発見し、すぐに農薬散布をして事なきを得たことがありますので、面倒くさがらずに畑に見回りに行くことが重要です。

見るだけなら5分程度で終わりますので、会社員の方なら出勤前などに見てもいいでしょう。

病気を発生させないためには

よい作物ができても、最後に病気になると、それまでかけた経費に対する収益自体がゼロになってしまうので、病気には注意を払わなければなりません。

ベテランの農家でもなかなか病気を食い止められないことがあるので、予防は奥が深いものがあります。

長ネギの土寄せ機を共同で買った農家も、私の町では一番の長ネギづくりのベテランでしたが、毎年大規模に発生する腐る病気に悩まされています。

原因はいろいろありますが、野菜の場合は土の成分の影響があります。

土の中に野菜を腐らせる菌が住んでいて、同じ作物をつくる連作をすると、菌の濃度が高くなって病気が発生しやすくなります。

また、水はけが悪い土地だと、菌が野菜の根に繁殖しやすくなるため、ある程度水はけをよくしなければいけません。

時期的には夏から秋にかけて腐る病気が発生しやすく、温度が高くなると病気が発生しやすいようです。

私の家の場合は、長ネギの面積がほかの農家に比べて小さいため、大規模な病気の発生はありませんが、面積が多い農家ほど病気が発生しています。

面積が多い農家を見ていると、長ネギの面積を多くつくっても、病気によるロスが3割程度出るので、無理な面積拡大は収益悪化につながります。ロスの分の収益はゼロになるので、経費が丸々赤字になるのです。

病気を出してしまうと、マイナスの利益を1年かけてつくっているようなものです。

農業をやっていて思ったのですが、いろいろ独学で覚えるよりも、困った場面では詳しい人に聞くのが効率的です。

ベテランの農家でも間違ったことを教えてくれることもあるので、2、3カ所の人に聞いて、病気予防をするのがいいでしょう。

また、農業改良普及センターの普及員に聞くと、簡潔明瞭な答えが出るものです。病気予防の方法も作物によって千差万別で、ある程度、農業改良普及センターの普及員の人が知っているので、基本に従うのが効率的です。

独自の研究は手間がかかるのでしてはいけません。

農家の人や農協の職員も知っているようで知らない場合がありますので、世間話なんかを真に受けるのは危険です。参考程度の話と割り切って、話を聞きましょう。

土地のローテーションが必要

病気の予防の意味でも、土地のローテーションが必要になります。

ビニールハウス栽培でも、50メートルビニールハウスを2棟用意して、3年おきに別の作物をつくると、病気が発生しにくくなります。例えば、ピーマン栽培を1棟と、もうひとつは、ほうれん草、小松菜などを栽培するローテーションを組むことです。

畑での野菜栽培については、穀物と野菜を2年おきにつくり、野菜が3年続かないようにしなければなりません。

穀物をつくると、土の中の成分が野菜栽培に最適になるため、病気が発生しにくくなります。どうしても土地が狭くローテーションが組めない場合は、土壌改良剤やえん麦を巻いて土壌改良をする方法もあります。

私の家でも土壌改良剤やえん麦で土壌改良をしたことがありますが、効き目が少し弱いように思います。病気はつかなかったものの、生育が遅かったのです。

ローテーションしたときは、肥料分が足りない場合もあるので、農業改良普及センターなどで土壌の成分を分析してもらってから、必要な成分の化学肥料を撒きましょう。

堆肥も土壌改良にいいです。ただし、ビニールハウス程度の面積ならすぐに施肥できるのですが、畑になると面積が大きいため、大量の堆肥を確保するのが難しくなります。また、施肥も機械がないとできないので、私の家では行っていませんし、ほかの農家でもたまにしか行われていません。

家の近くに手間のかかる野菜を栽培したくなりますが、数年間作物をつくり続けるには、ローテーションが大事になることを忘れないようにしましょう。

第3章

一目でわかる!
1年間の農業の流れ

1 年間の大まかな流れ

1年間の農作業の流れをまとめてみましょう。

実際に行う作業は、1日もかからないものがありますので、複数の作業を1日でやることもあります。また、外注できる作業はもっと増やせるものもあるので、実際にはもっと作業を少なくすることも可能でしょう。

ピーマン

4月 ビニールハウスにビニールをかける

一般的に北海道では、冬の間は降雪があるので、ビニールが痛まないように、秋にはずしておきます。

専用の支柱を中に立てれば、冬でも降雪にある程度耐えられますが、やはり除雪が必要になるため、冬に作物をつくらないのであれば、ビニールは畳んでおくべきです。

暖かい気候の地域でしたら、年中ビニールをかけていても大丈夫ですが、ビニールを張っていると、台風などで丸ごと飛ばされ、壊れる可能性も高くなるので注意が必要です。

台風でビニールハウスが壊れるのは日常茶飯事です。私が高校生の頃には、大きな台風時にビニールハウスのビニールをカッターで切り裂いてはずし、骨組みが壊れるのを防いだこともあります。

昔は、畳んで納屋にしまっておくのが一般的でしたが、現在は、ロール状に丸めてビニールハウスの天辺の柱に紐で縛っておくのが流行です。

ビニールを留める金具は、スプリング式といわれるもので、バネの原理で支柱にはめ込む方式が主流になっています。

ビニールハウスでは、暑い日中の風通しのために側面の窓を上げます。この側面の開閉は、普段はビニールハウス内の温度調整のために行い、温度が高くなる日中に開け、寒くなる夕方に閉めます。

スプリング式のビニールハウスなら、この作業も専用のロール機で簡単にすばやくできるので、とても重宝されています。巻き上げ機を使うと、簡単に丸められ、春にビニールをかけるのも簡単です。数分でビニールを広げることができます。

ビニールの袖を巻き上げる金具は、ホームセンターで1個３００円くらいで売っています。たぶん農協で買うよりも安いでしょう。この金具があれば、旧式のビニールハウスも新方式の巻上げ方式と同じように、側面のビニールの開閉が簡単にできるようになります。

冬に収納する場合は、そのまま側面のビニールを中心まで巻き上げ、中心の骨組みに紐で縛って冬を越すのです。

ちなみに、私の家では、温度センサーつきの巻き上げ機を使っています。温度調整もでき、設定温度で電動で巻き上げるので、とても便利です。ある程度、便利なマシンにお金を使うことが、仕事を楽にするコツでしょう。

畑を乾かし、化学肥料（もしくは堆肥）を撒き、トラクターで耕す

春は一般的に雪解け水で土が緩んでいます。そこにビニールをかけると、急激に土が乾いていきます。

ある程度乾いた状態でロータリーで荒く耕し、仕上げにアッパーロータリーで細かく耕して苗床をつくります。

数年で地盤が固くなることがありますので、数年間隔でプラウを使って地盤をひっくり返すのも有効です。

プラウというのは、大きなスプーンで土をこまめにすくって歩くような機械で、固い地盤をある程度大きな塊に崩していくことができます。

プラウはトラクターの後ろに付ける作業機で、中古なら5万円程度からあります。

地盤があまりに固いとトラクターに無理がかかるので、プラウで地盤をひっぺがしておくと、トラクターで耕すのがとても容易になります。

化学肥料などの施肥は、ロータリーをかける前もしくはプラウの後に行います。肥料の撒き方は、①手で撒く方法、②施肥機でばら撒く方法があり、施肥機で撒くと、数分で撒くことができます。

施肥機は、ブロードキャスターと呼ばれるものが主で、とんがりコーンを逆にしたような形をしています。これもトラクターの後ろに付ける作業機で、ジョイントで肥料を飛ばす稼動部分を回し

肥料を飛ばして撒くブロードキャスター

ます。ブロードキャスターは、中古で2万円前後から売っています。

やはり手で撒くのは時間がかかりますし、均等に撒くことが難しいので、慎重さが必要になります。初心者であれば、機械を使いましょう。

5月

灌水チューブを敷設しマルチビニールを敷く

灌水チューブは、直径3センチ程度の平たいチューブに無数の穴が開いている散水用のチューブのことです。使い方によっては2年くらい使えます。

マルチビニールは、ピーマンの根元に敷いて、灌水チューブのカバーのような役割と保温の役割をします。また、黒い色が付いているので、ピーマンの根元の草を育たなくする効果もあり、非常に有用です。

灌水チューブとマルチビニールは、耕耘機に付ける作業機で自動でつくることができますが、1年に1回しか使いませんので、自分でその機械を購入するよりも、持っている農家の人にお金を出して借りることをおすすめします。

このような専用機械の新品はけっこう高くて10万円以上しますので、購入するかどうかはよく考えたほうがいいでしょう。あまり普及していない珍しい機械なので、中古ではあまり売っていません。

灌水チューブとマルチビニールは、50メートルビニールハウスでだいたい10万円程度の資材費がかかります。

ちなみに、ピーマンであれば、この金額は1週間程度の出荷の儲けなので、それほど気にする金額でもありません。

苗を植える

マルチビニールを敷いたら、そこに丸い穴を開けて、ピーマンを植え付けます。植え付けに際しては、穴にたっぷりと水を注いでから植えるのがポイントです。水を入れないと、水分不足で枯れてしまいます。

マルチビニールを敷いて苗を植える

ビニールハウスの栽培では、水分が速いスピードで蒸発してしまうため、植える土にはあらかじめ水分を補給しておく必要があります。

灌水チューブの配管作業の時間などを考えると、その間に蒸発があるため、たっぷり目の水分が必要です。

気温が5度を下回る間は、小さいビニールをピーマンに被せて保温する

これは、ビニールハウスの中にもうひとつビニールをかけて保温するやり方で、プラスチックの棒で小さいサークルをつくってビニールをかけます。この方法で春の寒さから苗を守るのです。

昼間に気温が上がる場合は、適宜そのビニールを外します。

北海道であれば、気温が高くなる6月中旬までこの作業が必要になります。

気温が少しくらい下がっても大丈夫のように思えますが、野菜の場合は、その後の生育に大いに影響するので注意しなければなりません。

支柱の取り付け

ピーマンの茎や葉が大きくなると、荷重で茎が折れるので、ある程度大きくなったら支えの支柱を立てて、そこに茎を紐で縛ります。

また、さらに大きくなった場合は、ビニールハウスの天井の支柱から紐で茎を吊って、転倒や折れ曲がりを防止します。

ピーマンの茎は非常に折れやすいため、支柱が必要になるのです。茎が折れると、そこに雑菌が入り、最悪の場合は、病気になって腐ってしまいます。

7月～11月 収穫

早ければ6月の終わりくらいから収穫が始まり、7月から本格的にピーマンがなり始めます。大きさなどを見て定期的に収穫していきます。

収穫をしながら、薬剤による防除なども適宜行っていきます。防除は、くん煙剤を使って、煙でビニールハウスの中を一杯にして虫を殺す方法です。

霜が降ってピーマンが枯れたら、ビニールハウスの中の片付け

気温が下がり霜が降ると、ピーマンの茎や葉が枯れてしまうので、この時点で収穫は終わりとなります。

枯れたピーマンは別の場所に運び、次の年の春に野焼きします。

なぜ運び出すのかというと、そのままにしておいても茎などが風化しないためと、水分が多い茎などを置いておくと、雑菌が繁殖して次の年に病気になりやすくなるためです。

ピーマンの枯れ木を片付けるのは、軽トラもしくはトラクターの後ろに整地キャリアを付けて運ぶ方法が一般的です。整地キャリアの場合、簡易なダンプ機構も付いているので、下ろす作業を一発でできるので便利です。軽トラの場合は、下ろす作業が手作業になり少し大変です。

整地キャリアは、中古で5万円前後で買えます。最近、アルーダ（北海道JAグループの中古農機情報サイト）で、2万5000円で売っていたので買おうと申し込んだのですが、先約がいるとのことで買えませんでした。でも、普及品なので、在庫はちらほら出てくると思います。

これがあると、トラクターの後ろの3点リンクで簡単なフォークリフト的な使い方ができるため、とても便利です。整地キャリアがあれば、1・5トンくらいの重さなら持ち上げることができるので、重いものを動かすときになにかと役立ちます。

麦

10月 肥料撒き、畑耕し、種蒔き（外注作業）

北海道では、秋に麦を撒きます。作業としては、肥料を撒いてから、畑を浅くトラクターで耕します。その後、ほかの農家の方にお願いして、播種機で麦を蒔いていただいています。

播種機はトラクターの後ろに付ける機械で、新品ですと150万円くらいします。1年に1度くらいしか使わない機械なので、面積が少ない農家は外注にお願いしている場合が多いのです。料金は、1ヘクタールで5万円程度です。

3月 融雪剤散布（外注作業）

春の雪解けが早いと、作物が早く育つため、雪が積もっている畑全体に融雪剤と呼ばれる墨状の粉を撒きます。この作業も外注をしてくれる農家の方にお願いしてやっていただいています。料金は、6ヘクタールで5万円くらいなので、それほど負担にはなりません。

融雪剤散布機は、クローラ機（除雪機みたいなもの）にブロードキャスターみたいなものが付いている機械です。この機械を使って、散布をします。

融雪剤散布機は、中古で20万円程度で売られていますが、クローラ機構などに多額の補修費が必要なので、安いからといって安易に買ってはいけません。

4月〜7月 草取りおよび防除作業

麦の場合、草取りは年2回くらいで済みます。一度取ってしまうと、麦は密集性が高いので、あまり草が生えてこなくなるのです。

防除作業は、害虫の発生や病気の予防のために、1カ月に3〜4回くらい実施します。

防除機はトラクターの後ろに付けるものが経済的です。中古で10万円程度で購入できます。ただし、噴口などの消耗品が非常に多く、部品代も高いので、状態の確認が必要です。

先日、私の家の防除機に取り付ける小さい蛇口みたいな部品を、札幌にあるメーカーに買いに行きました。農機具屋さんを通すよりも、メーカーで直接現金で買うほうがずっと安く買えるのです。

でも、値段を聞いてびっくり。

1万2000円でした。あまりの高さに驚いて、値段が間違っているのではないかと聞き返しましたが、「真鍮製で特殊な部品のため、この値段です」とのことでした。なんだか1000円でもいいような部品でしたが、重要な部品だったので仕方なく買いました。

できるだけ部品も代用品で済ませられればいいのですが、時間もなかったので、純正品を購入しました。後で見たら、ホームセンターに似たような部品が3000円程度で売られていました。ただし、この部品を買っても多少加工が必要そうでしたが……。

部品を買うときは、ホームセンターも確認してから購入すると、激安で修理ができるかもしれません。

7月～8月 刈り取り出荷（外注作業）

刈り取りとライスセンターへの出荷は、丸ごと外注して、ほかの農家の方にお願いしています。

刈り取りは、コンバインで刈り取りをし、トラックに刈り取った穀物を流し込み、農協のライスセンターで乾燥して、そのまま出荷となります。

この一連の作業は外注先にお願いするのがとても効率的です。自分で行えば、人手は2人必要ですし、2日くらい時間がかかります。また、何より、高価で壊れやすいコンバインを持たなくてもいいというのが利点でしょう。

儲けは2割程度減りますが、100万円の儲けが20万円減る程度で、設備投資のリスクがまったくないのですから、費用対効果は抜群です。

注意する点といえば、刈り取りで舞い上がった害虫がほかの作物を荒らさないかを確認する程度です。

なお、コンバインは中古で20万円程度から売っていますが、整備費用が何百万もかかる場合が多いので、購入する際は注意しましょう。古くなると、メーカーのサポートがなくなるので、整備費用が高くなるのです。

肥料撒き、畑耕し、種蒔き（外注作業）

麦と同じです。

4月〜7月 草取り、カルチ、防除を実施

草取りと防除は、麦のときと要領は変わりません。

カルチというのは、大豆の畝の間を機械で引っかいていく作業です。カルチを行うと、大豆の根に空気が入って育ちがよくなるのと、畝の草を弱らせる効果があります。

畑には春に化学肥料を入れているので、作物同様に草の生育もよいのです。そのため、ある程度カルチ作業や除草作業をしないと、草に栄養が行ってしまい、大豆の生育が遅れてしまいます。

作物ではなく草を育てているような畑にしないためにも、除草作業は必要です。

カルチ機は、トラクターの後ろに付けるもので、中古で4万円程度で売っています。

10月 刈り取り出荷（外注作業）

麦と同じです。

赤シソ

3月 苗づくり

3月くらいからビニールハウスで苗をつくります。寒い間は、電熱線で苗を暖め育てます。

5月 植え付け

苗が少し大きくなったら、肥料を撒いて耕したビニールハウスに植えていきます。

5月はまだ気温は寒いのですが、ビニールハウスの中はとても暖かく、成長が早くなります。

6月 出荷

適宜灌水をして、大きくなったら、農協へ出荷します。

赤シソは、作業量と期間の割には大きな収益を生みます。

50メートルのビニールハウス2棟で、約50万円程度の収益になります。全体の収益に対して、この50万円の割合は少ないですが、春の農作業が空いている時間に行うので、費用対効果は意外といいのです。

面積を膨大にすれば、収益も莫大になるのでしょうが、市場で売れる総量がある程度決まっているので、ビニールハウス2棟くらいが適正です。

これくらいの規模であれば、たとえ売れ残ったとしても、ロスの金額が少なくて済みます。

長ネギ

4月〜5月 肥料撒き、畑耕し

長ネギは、畑を細かく耕す必要があります。そのため、ロータリーはできるだけ回転を上げて、ゆっくりと進み、土の粒を細かくする必要があります。

土がある程度乾いている状態で、春先にプラウで畑をおこしておきます。

長ネギの植え付けの前日あたりに、ブロードキャスターで肥料撒きをし、細かくロータリーをかけると、苗床のできあがりです。

単純なようですが、この単純作業を正確に行えるかどうかによって、長ネギの生育は全然違ってくるのです。

とはいっても、長ネギは比較的簡単に高確率で収益を上げられる作物ですので、失敗しても利益は出ます。ですから、急いで規模を拡大するようなことはせず、少しずつ努力をして、年々規模を増やしましょう。

新規参入の場合は50アール（5000㎡）くらいから年々広げていくのがいいでしょう。リスクを取れる人は、2ヘクタールくらいどーんとつくって、大儲けを狙ってもいいと思います。

ただし、これはあくまで例えばの話ですので、小さく広げていくことをおすすめします。

苗の植え付け（外注作業）

苗の植え付けは、苗の購入も含めて、ほかの農家の方に行っていただいています。

この部分は基本的に外注ですが、植え付けにむらが出てくることもあり、その場所に苗を植える作業が必要になるため、少しだけ手伝いをします。

料金は苗込みなので、少し高く1ヘクタール当たり100万円程度となります。高く見えますが、苗を育て植えつける手間を考えたら、かなり安い値段です。

苗づくりから自分で行うと、冬の間から準備が必要なのと、手間が多く、拘束時間のわりに収益に貢献せず、外注に出すのとそれほど変わらないため、人にお任せするべき仕事です。

自分で行うと、作業機など新たな設備投資が何百万も必要ですので、儲けが出て、知識や能力が備わってから行っても遅くはないでしょう。

4月～10月

草取り防除を実施

ある程度、長ネギが大きくなると、草取りを完全にしなければなりません。なぜかといえば、土寄せがうまくできないからです。

苗床には肥料が入っているため、畑に草を残しておくと、強力な茎をつくって長ネギの養分を横取りします。そのため、月に2、3回程度、害虫駆除や病気予防のための防除を実施します。

8月～10月

土寄せ作業の実施

長ネギの成長に合わせて土寄せを実施します。

長ネギの出荷基準は、白根の長さが20センチ程度となっていますので、その長さになるまで4～5回程度土寄せを実施します。

土寄せの際に、同時に追肥も実施します。

出荷

出荷基準の長ネギになったら、農協へ長ネギを出荷します。

出荷量によりますが、最盛期には1日何十万円分という長ネギを出荷します。

長ネギの出荷に伴う農協への手数料は売り上げの2割程度ですが、それでもかなり高利益が期待できるのです。

長ネギは、作物の中で今一番利益率の高い作物でしょう。

不測の事態に備えて、対応策を2つ以上用意しておく

これまで見てきたとおり、農業で外注に出す部分はかなりあります。

農業を効率的に経営し、自分の作業量を抑えるには、外注先をいかにマネジメントするかが重要になってきます。

外注する場合は、たとえ自分がその作業をやらなくても、どんな機械をどんなふうに使うかといったことを把握しておきましょう。

作業光景を1、2回眺めているだけでも、知識量は違ってきます。

私自身、大学卒業後、新卒で就職したとき、アウトソーシングをただ下請けに投げることだ

と思っていました。

しかし、経営において、外注はとても大きなリスクを抱えているのです。外注先に不都合が生じたら、何らかの対応ができるだけの知識を持っておく必要があります。以前、関東で働いていたときには、部下が5人くらいいたので、単純な仕事はすべて部下に任せていました。ただし、課長は「自分でマスターしてから、部下にお願いしなさい」としきりに言うのです。

当時は若いせいもあり、勢いで仕事をしていたので、なんとかなりましたが、部下がいなかったら、たとえ時間をかけても自分で仕事を成し遂げるのは無理だったと今では後悔しています。

農業においても同様のことが言えます。

外注先になんらかのアクシデントがあった場合に、準備をしておく必要があります。作業機械を借りてくれれば、なんとか自分でできる知識と、複数の外注先を抱えておくことが必要になります。

最近、居酒屋で成功し、農業にも参入したワタミが、直営農業を縮小し、提携農場方式に代えたのも、失敗の要因はそこにあります。

本当は、もっと社員の知識と経験が備わってから、大量生産するべきなのに、ベンチャー企業の経営理論だけで規模を広げすぎたからです。農作物の大量生産にはある程度、失敗へのリスクヘッジが必要なのです。

その方法は、やはり複数の対応策を準備しておくことだと思います。

中国の兵法の教えにありますが、有能な指揮官は、劣勢な状態でも次々と敵を欺くような攻撃を繰り出し、勝利を得るといいます。農業経営においても、対応策は少なくとも2つ以上は持つべきです。

第4章

誰も教えてくれない農業の裏技

直販は儲からない、農協ルートが合理的

田舎暮らしにあこがれて、農業での起業を考えている方は、テレビの影響で、道端や直販所での直売を連想するかもしれませんが、普通の農家はほとんど農協に出荷します。

理由は、ほかで売っても、結局コストがかかりすぎたり、値段が安かったり、大量に出荷量をさばけなかったりするためです。

地域差はあるかもしれませんが、最近の農協は以前とは違い、販路をしっかりと開拓しており、農協に出荷した時点で利益確定になるので、とても効率がいいのです。

直販では売る量には限界があるし、消費者も極端に安い値段を期待してやってくるので、せっかくよいものをつくっても安い値段で売ることになり、損をしてしまうのです。

私も関東に住んでいるときに道端の直販所で野菜を購入したことがありますが、ほとんどは規格外品や半農家の人が破れかぶれでつくった出来損ないの野菜です。少しだけ安い気がしたので購入したのですが、大きさがなんとなく小さかったり、傷がついていて食べられるところが少なかったり、いわゆる欠陥品でした。

また、味もおいしいわけではなく、よく考えると、スーパーで普通に買ったほうがよかった

のです。

すべてがそうとは限りませんが、道端で売っている野菜は、広い意味での規格外品なのです。観光地では質のよいものを出している場合もありますが、それでも何らかの理由で安く売っているのです。

そのような場所に出すためにつくっても、売り上げはまったく期待できませんので、儲ける農業をするためには、農協の規格に合うように栽培すべきです。

よくある起業した若者のドキュメンタリーは失敗例

また、形や大きさが変でも、栄養があるといって規格外品を購入する人がいますが、変な形をしているということは、栄養が細部に届かなかったから形が悪いわけで、逆に栄養がない場合もあります。

小さくても栄養があるのは、それなりに土壌が肥沃な場合のみです。

都会の人は、頭に先入観というか固定観念があり、そういうへたをする人が多いと思います。

実際、私も自分で農業を始めるまでは、道端での直販は儲かりそうだと思っていました。

最近、ＮＨＫのテレビで、北海道の某町での若者の就農を描いたドキュメンタリー番組がありました。やはり自分勝手な農業をやっていて、規格品が出荷できずに、道端販売を一生懸命やったのですが、たいして売れず赤字になっていました。

道端で野菜を売るなら、コンビニでアルバイトをしたほうがよっぽど楽で収入もあり、リスクもないのを忘れてはいけません。

私は大学生時代、貧乏で、コンビニなどでアルバイトをしながら大学に通っていたので、なにかとコンビニのアルバイト代と収益を比較してしまいます。

最近の農協は流通網が発達しているので、自分独自の販売という難しいことは考えずに、ひたすらよい作物をつくって農協に出荷するのがベストです。

とくに新規参入する場合は、生産することに力を注ぐべきです。

販売網は一朝一夕にできるものではないので、自分で独自に販売網を持ちたい場合であっても、最初は農協に出荷して知識を深めてから実行すべきでしょう。ただし、私は、知識があったとしてもおすすめしませんが……。

また、特定の八百屋やスーパーと契約するのも、意外と儲からないので、やめておきましょう。

テレビを見ていると、レストランなどに出荷しているドキュメンタリーを見かけますが、農家の最盛期となると、1日の出荷量で何十万円もの収入になる日がほとんどなので、ベテランの農家で手間のかかる小口取引をすることはほとんどありません。

小口の取引は利益のわりに手間が多く、農作業を阻害しますので、やはり農協への出荷に集中すべきです。

農協へ出荷すると、いろいろな保護制度があります。地域差はあると思いますが、意外と農家に優しい制度がいっぱいあります。出荷先は、農協に頼りましょう。

農業の研修を受けるよりもいい方法がある

農業を始める前に、やはり研修を受けた方がいいとお考えの方もいると思いますが、その発想も間違っています。

先にも述べましたが、農業の研修を受けるよりも、農家でアルバイトをしたほうがお得です。就農を増やすためのイベントが多くの行政で行われていますが、こうしたイベントでは、主催者が自分たちの企画した研修へ導くことが最優先になって、効果のほうは二の次という状況になっています。

私自身、起業家の講習会を開催したことがありますが、起業するためのスキルを身につけさせるというよりも、講習会でいかに満足感を与えるかに終始していたように思えます。

起業家にとって必要な知識は、このような知識習得研修では身につきません。

例えば、資金を借りる方法などは、関係機関に相談に行けば、たいていは解決します。わざわざ使えない研修を受けることはありません。

農業の方法についても同じことで、研修などに参加しても生の技能は身につきません。やはり、市場価格や地域柄を考えてつくりたい作物の候補を決め、その作物をつくっている農家でアルバイトをさせてもらうことが一番です。できれば、バリバリ仕事をこなしている農家を見つけ、そこでアルバイトをすべきです。

家や納屋周辺が雑品で散らかっている農家や、年寄りだけの農家では、アルバイトをしてはいけません。散らかっている農家はやる気がない農家ですし、年寄りだけだと、最新の農法などに疎いばかりか、稼ぐという意欲が足りません。

アルバイトをする農家は、親夫婦と息子夫婦でやっているような活気のある農家がいいでしょう。活気があれば、効率的に農業をしているはずですので、よい経験ができるはずです。

問題が発生したときの対処法を学ぶ

どんな作物をつくるのかが決まったら、それを栽培している農家でアルバイトをさせてもらい、簡単なノウハウを学ぶことです。作物が変わればノウハウも違いますので、稲作を長年やっていた農家で、稲作のついでに畑をやっているところに行っても、しょうがありません。そんなところで学んでも、失敗するだけでしょう。

アルバイトをして何を学ぶのかというと、最新の農法ばかりではありません。もしわからないことがあったとき、どうすれば解決できるかを覚えておくことです。

短い期間ですべてを習得するのは無理なので、問題が起きたときにどう対処すればいいのかを学ぶようにしましょう。それがわかれば儲けものです。

もともと野菜づくりは人手が必要なので、一生懸命な人なら喜んで雇ってくれるでしょう。ただし、雇ってもらったからといって、ただ言われたままにやっていたのでは、ノウハウは吸収できません。休憩時間などに、世間話を通してつくり方のコツなどをいろいろ聞いてみましょう。きっと、ノウハウを教えてくれるでしょう。

農業を始める前に不安がある方は、土日だけでもアルバイトをしてみて、研修代わりにするのがいいでしょう。お金ももらえるし、実際の現場で学べます。

週2日の労働を根気よく続ければ、楽にできるようになる

農業はなんだかんだ言っても、肉体労働が多いので、根気強く作業をしなければなりません。

私も最初は不安に思いましたが、少しずつ体を動かせば、筋肉がついてきて、同じ仕事でも楽にこなせるようになります。

春先の肥料撒きなどで、トラクターに付けた肥料撒き機に1袋10キロの肥料を入れるときは、高い位置で腰に力を入れるので、腰が弱い方は気をつけてしなければいけません。腰を壊したら、いろいろな農作業ができなくなります。

私は、もともと腰痛を抱えていましたが、筋肉がついたせいか、最近はまったく痛みません。体が固い人は、とくに農作業前にストレッチなどをして体をほぐしてから労働をしましょう。徐々に体をならしていけば、足腰の悪い人でも、多少の農作業は大丈夫です。

また、堆肥を畑に撒くときは、軽トラなどの荷台からスコップで畑にばら撒かなければならず、足腰がとても疲れる仕事です。

堆肥を撒く機械で、マニュアスプレッターと呼ばれるものがあります。トラクターの後ろに付ける堆肥散布機ですが、この作業機があれば、手作業は必要ありません。しかし、私の家では買っていないので、手作業で行っています。堆肥を撒くのはビニールハウスの中だけなので、それほど面積がないからです。

スコップの仕事にはコツがあります。私は学生時代に土木作業バイトの経験があり、スコップの扱い方を知っていたので、苦労はしなかったのですが、持ち方ひとつで疲労の仕方も違ってくるのです。

右手でスコップの根元を持ち、左手で柄を持つと、てこの原理が働いて最小限の力で扱うことができます。

これを知らないと、手は血豆だらけになるし、腕も痛めてしまいます。

農作業を無理なく続けるコツ

農作業を根気よく続けるコツはいろいろありますが、スコップ仕事の場合は、目の前の堆肥をひとすくい撒くまでの動作をひと区切りとします。そして、その動きをなるべくスムーズに続けることです。

動きの間に休憩を入れると余計疲れます。休憩を多く入れると、気分的にも、長時間、仕事をやったような気になってしまい、続けていくのが嫌になってしまいます。

私の場合、スコップと体を一体にして、振り子の動作でどんどん堆肥撒きを行うようにしています。これから農業をされる方も、自分なりのスコップの扱い方をマスターしてください。

長ネギがある程度大きくなると、畝の間の除草のために耕耘機で草を浅く耕していきますが、これも面積が大きくなると、根気が必要な仕事になります。

無心になって耕耘機を操作する

耕耘機がある場合は、ある程度、機械に作業を任せることができるので、長く続けるコツとしては、無心になって作業を続けることです。

農業機械には騒音があるので、はじめのうちは少し操作しただけで、気分的に嫌になります。私の場合は、とりあえず全部の畝を耕しきることだけを考えて、ひたすら無心に耕耘機を操作しています。

慣れると、3時間くらいは平気で操作できるものです。

私は、朝の4時から夜の7時まで、最長で14時間も耕耘機作業を続けたことがあります（もちろん、昼飯休憩は取りましたが……）。このときは、さすがに疲れました。

みなさんはほどほどの時間にしましょう。実際に長時間やってわかったのですが、ここまでやり続けると、2、3日、疲労が残って、体が持ちません。

ピーマンの収穫は女性向きの仕事

ピーマンの収穫などは、やったことがない人には想像できないくらい根気の必要な仕事です。最盛期には1列30メートルになったピーマンを取るだけで、半日が過ぎてしまうくらい細かい作業です。ピーマンの実はあちこち奥のほうにもなっていて、茎を折らないようにやさしくとらなければならないので、けっこう時間がかかるのです。

ピーマンの茎は柔らかくて折れやすいのですが、折ってしまうと、そこから菌が入って腐りやすくなるので注意が必要です。

ピーマンの収穫はとにかく時間がかかるので、つくれる量にも限界があります。だから、最初は少なめにつくりましょう。

ピーマンの収穫は細かく繊細さが必要なので、男性よりも女性向きの仕事といえるでしょう。

体が資本の農業では、傷害保険が不可欠

長ネギは3年間で2倍の量に増えましたが、出荷時には時間短縮のため、がんばって倍の2

袋を手で抱えて軽トラへ積み込んでいました。それがとうとう昨年の秋に、腕の腱に限界がきて腱鞘炎になり、2袋を持ち上げることができなくなりました。

長ネギ1袋は20キロくらいの重さです。

試しに1袋を持ち上げてみたら、軽々持てるのです。

そこで、すぐ近くの外科に行って診てもらったところ、手首の腱が少し伸びているだけなので、リストバンドをしていなさいとのこと。治療の必要はまったくないとのことだったので、帰宅しました。

リストバンドは面倒なのでしませんでしたが、その後1カ月くらいで腕は回復しました。

私の体は意外と丈夫ですが、異変を感じたら、念のため病院へ行きましょう。

なお、傷害保険に入っておくと、通院日数に応じて給付金が支給されます。おすすめの保険は、月1600円の全労災の国民共済の保険と、月2000円の生協の傷害保険です。1日あたり2つの保険で5000円くらいは支給されます。

全国のほとんどの傷害保険を探しましたが、この2社が一番掛け金が安いのです。大変お得な保険です。詳しいことは各窓口へ相談してください。

農協の傷害保険は、昨年の制度改正で大幅に給付金が減額されましたので、あまりおすすめできません。

農作業では怪我がつきものなので、傷害保険には入っておきましょう。

疲れたら甘いコーヒーやコーラを好きなだけ飲む

疲れたときには甘い飲み物を飲むのがいいという効用を覚えたのは、学生時代の土木作業のアルバイトのときでした。

午前中と午後の2回、小休憩に現場の社員さんが必ず缶コーヒーを差し入れてくれました。たぶん社員さんの自腹で奢ってくれたのだと思います。

当時、セイコーマートの自社ブランドの50円缶コーヒーを必ず買ってくれました。それを飲むと、不思議と元気が出たのです。

ここからヒントを得て、農作業時に疲れたときも、甘いものを飲むようにしたら、やる気がかなりアップしました。

私の家では、納屋（農機具置き場）に冷蔵庫を置き、そこに缶コーヒーや炭酸ジュースなどを常備しています。

ちなみにジュース類は、ドン・キホーテなどのディスカウントショップで定価１２０円のものが50円程度で特売されているものを箱買いしています。

また、近頃、激安スーパーで、サンガリアの缶コーヒー、お茶、ウーロン茶、ソーダシリーズなどが40円で買え、しかも、なかなかおいしいので、休憩用にぴったりです。

ただし、いろいろ激安ジュースを飲んでみた結果、UCCやサンガリアなどの有名メーカーのジュースは外れがないですが、おいしくないものもありますので気をつけましょう。

安くて気になったジュースがあったら、試しに1本買って飲んでみましょう。

実は、私自身、箱買いで数え切れないほどへたをこいて、おいしくないジュースを買ったことがあります。最近は、あまりに安いときは試し買いを欠かしたことがありません。

賞味期限も気になりますが、缶ジュースや缶コーヒーの場合は密封されていて、劣化がほとんどないので、私はあまり気にしていません。自分が飲むのであれば、2、3カ月くらい賞味期限が切れていても気にせず飲んでいます。

箱買いするときの目安として、コーヒーとソーダは250ml缶、30本入りで1000円、お茶類は350ml缶、24本入りで880円なら激安といえるでしょう。120円の缶ジュースの値段で3本飲めます。

今年は原油高で物価が上がっているので、安いうちにと考え、24缶入り1箱880円のコーヒーやジュースを20箱くらい買ってしまいました。

安いコーヒーやジュースでも、ギンギンに冷やして休憩時に飲むと、とてもおいしいですし、やる気が出ます。
ただし、血糖値が高い人は、甘い缶コーヒーのがぶ飲みは危険ですので、体調に合う分だけ飲みましょう。

1 日の労働時間を長くすると、意外に疲れない

意外なことですが、1日（土曜日）の労働時間（農作業時間）を長くして、日曜日の午後に少しゆっくりできるようにするのも、長続きさせるコツです。

結局、農作業は自分が経営者なので、自分のペースでやることができます。1日の労働時間を長くするのは、慣れてくると一定以上働いても疲れなくなるからです。

そこで、私が編み出した方法は、忙しいときは早朝4時から起きて農作業をやることです。

びっくりされる方もいるかと思いますが、会社勤めと違って、自分の家で朝ご飯をちゃっちゃと済ませ、畑へ行くだけなので、あまり負担にはなりません。

最盛期には、朝4時から夜9時まで働いていますので、1日で2日分働けるわけです。

最初は起きるのが大変ですが、起きてしまえば、あとは作業着を着て外へ出るだけです。

ここで、外へ出るときの準備がポイントになります。トイレを済ませ、携帯電話、腕時計、

水筒やコーヒーなどの飲み物、作業道具を持って畑に行くのです。

携帯電話がないと、ちょっとしたことで家へ戻る必要がありますし、こうした準備をしておけば、トイレ、水の補給など時間の節約になります。

そして、一番忘れがちなのが腕時計です。

時間はどうでもいいように思えますが、農作業を効率よく行うには、スケジュール管理が欠かせません。だらだらとした作業にならないためにも、腕時計は不可欠です。

私はボロでもいいので、正確な時間を刻む腕時計を使っています。関東時代に買ったセイコーの1万5000円の皮ベルトのアナログ時計ですが、時間が正確なのと、薄くて小さく、農作業の邪魔にならないので重宝しています。

朝4時から夜9時の労働というのはちょっと極端ですが、夕方の5時くらいに1日の作業が終われば、それから街へ買い物などに出かけることもできます。人間のサイクルとしても、5時から21時くらいまでを普通に過ごすと、気分的に安定します。

疲れてきたら、クイックマッサージに行こう！

クイックマッサージは、疲労回復に最も即効性のある方法です。できれば女性のマッサージ師にやってもらうほうがいいと思われます。これは私がスケベだからではありません。男性のマッサージ師は力が強すぎて痛いからです。少しうまい女性にやってもらえば、マッサージ効果も2倍です。

プロのマッサージ店は料金が高いので、街の格安料金のクイックマッサージ店に行っています。これで十分です。私の行っている店は45分3500円で、店員さんが全員女性なので、なかなかお得です。石原さとみ似の子がいたときは、500円の指名料を加えて合計4000円で、毎回楽しく会話しながらマッサージをしてもらっていました。その後、転職でその店を辞めてしまったのが、ちょっと悲しかったです……。

でも、こんなちょっとした楽しみがあったほうが、肉体労働の農業はうまくいきます。マッサージ終了後にはお茶のサービスもあって満足感があります。疲れたときには、クイックマッサージ店はおすすめです。

農 作業の日以外は飲み会でストレスを発散する

お酒を飲むときは、大勢で飲み、家族以外の人と飲むのがストレス発散になります。

アメリカのドラマでは高い確率でお決まりの飲み屋やバーで主人公が飲むシーンがあります

が、これは見ている人の心を日常へ戻すといった効果を狙ったものです。肉体疲労をもたらす農作業から、日常へ心を戻すためにも、お酒を飲んでストレスを発散することは重要です。

家以外で一緒に飲む人がいないときは、スナックでなじみの女の子とおしゃべりして飲むのもいいでしょう。ただし、飲みすぎは体調を壊しますし、スナックでも豪遊すると散財しますので、ほどほどにしましょう。

スナックなどに行くときは、少し安い店の飲み放題プランでワンセットだけで帰るというのが一番お得です。札幌では3000円くらいあれば十分スナックで楽しめます。

私は自宅でほとんど飲酒をしないためか、あまりお酒にはまりません。生活のリズムが狂うほどの飲み方をする人であれば、逆に、お酒を飲まないようにするほうが農業には向いているでしょう。

とにかく農作業で疲れた気持ちを日常へ戻す場が必要なのです。お酒以外にも、自分にとってそのような場所がないかどうか探してみましょう。

月 1回は温泉か銭湯に行く

温泉や銭湯に入ると体が暖まって筋肉の緊張がほぐれるので、疲労回復にはおすすめです。

私は定期的に近くの銭湯に通っています。銭湯に入った翌日には、かなり疲労がなくなります。家でお風呂に入るのもいいですが、やはり温泉や銭湯でたっぷりのお湯で暖まるのが体にいいのです。

私は、家から車で15分程度のスーパー銭湯によく行っています。湯船に1回入ってから休憩所で少し休憩し、もう一度入って体が十分温まってから出るようにしています。

湯船に2回入ってからたっぷりの水を飲んで、好きなジュースでも飲めば、ストレス発散は間違いなしです。

寒い北海道でも、2回も入れば、あまり湯冷めはしません。

会社勤めがストレス発散になっている

やはり農作業は、単調な作業の繰り返しです。

北海道に帰ってきた年は、ずいぶん不効率な働き方をしていたと思います。その年、私は病気の父や母に弱音を吐いてしまいました。

「手伝いをするのは今年限りにしたい。来年からはやっていられない」と。

1時間くらい草取りしたり耕耘機を動かすと、たいていの人は飽きてきます。疲れるというとカッコいいですが、飽きるというか体がだるくなって、早く家に帰ってゴロンとしたくなります。

結論から言うと、農作業を飽きさせないためには、1週間のうちに、自分の好きなことができる時間をつくることです。

私の場合、平日の就業後にクイックマッサージ店に行き、世間話をしながら45分コースのマッサージを受けます。その後、中国茶のサービスを受けながら、待合室でテレビを見てリラックスしています。そのあと、紀伊国屋書店で新刊のビジネス書を立ち読みするというのがストレス発散法のひとつです。

パチンコなどのギャンブルや過度の飲酒はおすすめできませんが、健康的でお金があまりかからないものがいいと思います。

また、平日、会社の同僚との会話なども気分転換になるので、実は会社勤めもストレス発散になっているのです。会社勤めがストレスの原因になっている人がいるかもしれませんが、農業をしていると、会社勤めもけっして悪いものではなくなってきます。

逆に、専業農家として転職する人に比べると、週末に農作業を集中しているので、一見無理をしているように見えますが、意外とバランスよく精神面を維持できるのかもしれません。

農業は、都会で家庭菜園をしている人が思っているような自由な作業ではなく、自分の体をいかに効率的に使うかに、とても頭を使わなければなりません。とくに私は、土日や祝日しか時間がないので、最初から効率的にすることばかり考えていました。

農業では頭の労働が大事

とはいえ、先に述べたように、挫折しそうになったことは何度もあります。基本的に会社員ですので、仕事自体が難問にぶつかったり、残業が続いたり、風邪を引いたりと、精神面や肉体面が弱っているときはとても辛いです。辛いときでも、コンスタントに農作業をやるのが最善の手です。意外と体を動かせば、なんとかなるものです。

体を動かしていると、いろいろなアイデアが頭を駆け巡り、少しずつやる気がみなぎってくるものです。

頭に浮かんだアイデアが有効なものかどうかも、頭でシミュレーションできるようになると、農作業はどんどんはかどり、失敗も少なくなります。

実家に帰って農作業をしていてわかったのですが、農業は頭を使う仕事なのです。農業をやり始めてから、何事もまず頭の中でシミュレーションと試行錯誤ができるようになりました。

サラリーマンなどの会社勤めですと、頭が固くなり、「思いつき」イコール「いいアイデア」に思いがちですが、本当は頭で労働することが仕事をするうえで重要なことなのです。成功している起業家はみな自然にこれを行っているのだと思います。

農業では、畑や農機具の空間把握と、人を使う場合であれば、人の配置や管理も必要です。さらに、もうひとつ、時間の管理も欠かせません。そういったことを頭で把握できるようになることが大事になります。

例えば、アルバイトさんにお願いしている草取りが遅れていた場合、自分の仕事がある程度遅れてもいいのであれば、草取りの応援に行く必要があります。こうした不測の事態にいかに素早く対応できるかは、頭でシミュレーションできているかどうかです。

平日にお願いしておく単純な仕事は、そのあとの段取りになりますので、土日の作業時間に大いに影響します。効率的なスケジュール管理をするためにも、頭の中でも労働することが重要です。

畑でのトイレはどうするのか？

農作業をしていて急にトイレに行きたくなったときは、どうしたらいいでしょうか。

男性の場合であれば、物陰などで簡単に済ませることもありますが、あまりほめられたものではありません。また、農作業の汚れた姿で、わざわざ家の中に入るのは面倒ですし、服を脱ぐのに時間がかかりますので、簡易トイレを畑の一角に置いておくと便利です。

アルバイトやパートさんも、わざわざ家の中のトイレを借りにくるよりは、外で簡単に済ませられる環境のほうを喜びますし、時間の節約にもなります。

中古の簡易トイレなら、安いものだと3万円程度であります。

簡易トイレには、簡易水洗もついています。普通は和式トイレですが、ホームセンターで1万円程度で売っている便座カバーを付けると、洋式トイレにもなります。

汲み取りのため、一杯になったらバキュームカーを呼ぶ必要がありますが、農作業時程度の使用ですと、そんなにすぐには一杯にはなりません。

最初は10万〜20万円のトラクターでいい

トラクターは、離農する人から安く購入するのがいいのですが、その機会がない場合は、前述したとおり、農協・ホクレンのネット農機具販売のアルーダで探すのがいいでしょう。

トラクターは理想としては70馬力クラスのものがいいのですが、20〜40馬力のものが安く手に入るので、最初に買うのにはいいでしょう。値段は10万~20万円であります。できればフロントトライダーが付いているトラクターのほうが何かと便利です。

フロントトライダーは、前にバケットが付いていて、油圧で上げ下げできるショベル車みたいなものです。砂利や土を軽々と持ち上げられ、ショベル車やバックホーみたいに使えます。

フロントトライダーがあれば、簡単な穴を掘って灌水用の池をつくることも、トラクターで十分できます。

高いところの作業にも役に立ちます。バケットに乗って作業をすれば、納屋の簡単な補修やペンキ塗りも足場をつくる必要がありません。

そのほかにも、除雪や重いものを上げ下げできるので、フォークリフトの代わりにもなります。

本当は4WDであればいいのですが、4WDになると金額が上がるので、最初は20万円以下の機械でがんばりましょう。

利益が出てから、次の年に買っても遅くありません。

農機具販売店で下取りのトラクターを購入する手もありますが、場合によっては整備費がついて高くなることもあるので要注意です。

中古トラクターは、海外輸出が人気のため、国内の在庫が急激に減っています。中古で買っても、買値と売値があまり変わらないので、大きなトラクターに買い換える際、小さいものが必要なくなれば、すぐに売ることも可能です。

普通に動けば、小さいトラクターでも10万～20万円で売れます。

壊れた農機具を修理して激安で使う

その他の耕耘機やロータリーも、基本的にはアルーダで探すと安いものがあるのでおすすめです。

農機具販売店で購入する場合もそうですが、農機具は値段をかなり高めに設定しているため、高いと思ったら、遠慮せずに買いたい値段の少し下の値段で交渉しましょう。言った値段を基準に、少し上げて決めるのが販売店の人の習性なので、自分が買いたい値段で買えるように誘導し交渉しましょう。

また、農機具販売店の後ろにある廃棄農機具置き場にも、修理すれば使える農機具があるので、チェックしておくのもいいでしょう。

廃棄予定の農機具は、鉄くず買取業者へ渡すので、鉄くずの値段で譲ってもらえます。それを熟練した板金屋に持っていけば、断裂した程度の故障であればうまく溶接してもらえますし、部品の交換で修理できるものもあります。

古いロータリーなどは少し手を加えれば使えるようになります。

トラクターに付ける作業機は単純な構造のものがほとんどなので、壊れていても、板金屋に持っていけば何千円かの料金で溶接などで直してもらえるのです。板金屋は、溶接の技能が人によって違いますので、家の近くで腕のいい安い板金屋を探しておくのがいいでしょう。

また、農機具販売店でも溶接器具は置いてあるので、ちょっとした溶接であれば、お願いしてもいいでしょう。

中古の機械を激安でメンテナンスする

古いトラクターでも、クボタなどの整備工場で一度フル整備してもらえば、その後はまったく問題なく使えます。

私の家では、昭和初期のトラクターを今でも使っています。15年前くらいに整備に出して以来、あまり整備に出していないのですが、壊れずに動いています。

トラクターのディーゼルエンジンはあまり複雑な機構でないため、一度内部の燃料周りの配管の掃除や駆動ベルト類を交換すれば、10年以上大きな修理は必要ないのです。

簡単な故障や破損であれば、部品をメーカーに頼んで、自分で修理するのも手ですし、代用品を適当にあてがえば動くようになります。

一度、トラクターのスイッチが壊れ、配線から火が出たことがありましたが、スイッチの部品をクボタで注文して、自分で交換したら、完全に元通りになりました。昔のトラクターは、ドライバーなどの簡単な工具で部品が交換できるので、少しがんばれば、自分でも修理できるのです。

機械の修理は、内容によって得意分野と得意でない分野が業者ごとに違いますので、あらかじめある程度の値段を数カ所の業者に聞いて、比較してから修理をお願いしましょう。

農機具のキャブレータ掃除はクボタで８０００円くらいですが、小さい自動車修理工場では４０００円でもやるかもしれません。農機具の修理箇所によって値段は違いますが、小さい修理工場では、複雑な修理になると割高になるので注意が必要です。

時間が許す限り、電話などで大まかな値段を聞いてから修理すると、数万円の違いが出る場合がありますので、見積もりを取ることは重要です。

廃棄農機具はアイデアしだいで便利な道具になる

農機具販売店には、たいてい後ろか横に空き地があり、修理中の農機具や廃棄予定の農機具が置いてあります。

廃棄予定のものは、無料もしくは鉄くずの値段で売ってくれるので、もし欲しい農機具があれば、遠慮せずに申し出ましょう。

私の父も、私が学生時代に廃棄の田植え機をもらってきて、それを運搬機として使っていました。

田植え機はガソリンエンジンですが、４ＷＤでタイヤも田んぼ用の強力な溝が付いているので、重いものを運搬するのに便利です。

後ろに荷台をつけると、田植え用の油圧の昇降機が付いているので便利です。

その数年後に、エンジンが故障したので廃棄しましたが、廃棄機械は使い方によっては便利なものになります。

また、廃棄されるロータリーなんかも、これから就農する方にとっては十分な機能が残っているものもあるので、意外と使える場合があります。

最近は、大規模農業が増えてきているので、古い農機具は、新しい農機具を買ったときなどに農機具販売店にお願いして廃棄されることが多いのです。

先月のことですが、私自身、近くの鉄くず回収業者の雑品置き場に、トラクターに付けると便利な荷台になる富士トレーラーのキャリアがあったので、譲ってもらおうと思って何度か訪問したのですが、あいにく留守でした。

田舎のおじいさんがやっていた業者なので、通院でもしていたのでしょうが、2週間ぐらいたったら、雑品置き場の雑品がきれいになくなっていたので後悔しています。

富士トレーラーの整地キャリアは中古でも5万円以上はします。鉄くず料金だと5000円程度なので激安なのです。多少壊れていても、板金屋にお願いすれば故障箇所を溶接などで補強してもらえます。ちなみに簡単な溶接だと、5000円程度でやってもらえますので、意外と安いのです。

これから就農する方には、大規模な農家で使わなくなった古い機械を集めている農機具販売店の廃棄農機具置き場は穴場かもしれません。

廃棄処理は処理場へ持っていく手間が面倒なので、農機具販売店と仲良くなれば「無料でいいよ」と言ってもらえるはずです。

今、鉄くずが高いといわれていますが、人件費も高いので、鉄くずを集める作業と業者へ出す手間や人件費を考えると、まだまだ末端では無料で取引されています。鉄くず回収業者に、家で出た廃棄農機具をあげてもお金をもらったことはありませんし、業者もたいして儲けてはいないでしょう。

ユーザー車検でコスト削減

軽トラックは農業をするには欠かせない機械です。私の家には、軽トラックがもともと2台ありました。1台は、祖父が農家をやめたときに譲り受けたもの。もう1台は、近所の農家が使わなくなって2万円程度で譲り受けたもの。

どちらもスバルの昭和50年代のもので、もう20年近く経過しています。この2台は偶然同じ型式で、整備がしやすいのがいい点ですが、なにせ古くて調子が悪いのです。

私が戻った年に、この2台の軽トラはボロボロで、エンジンも調子が悪く、エンストもたびたびでした。

北海道に戻った年に気がついてみれば、祖父からもらった軽トラが車検日を過ぎていたので、札幌にある軽自動車の車検場まで自分で持ち込んでユーザー車検で車検を取りました。

私は大学生時代から自分で車検場で車検を取っていますので、だいたいのことは把握していますが、実はいつもどこかで失敗しています。でも、根気強く車検場の職員の人にわかるまで聞いているので、だいたいなんとかなっています。はじめてユーザー車検をする人でも心配はありません。

祖父の軽トラの車検を頼まれたとき、すでに車検が切れていたので、前日、昼休みに職場近くのJAに行って自賠責保険に加入。農協で保険に入ると、タオルくらいはくれるのでお得です。タオルがあれば、農作業の汗拭きなどに使えて便利です。

車検当日、私の車で隣町の公証人役場に行って、臨時ナンバープレートを発行してもらいました。手数料750円と、自賠責保険証と車検証があれば申請できます。

臨時ナンバープレートは5分くらいで発行されます。臨時ナンバーを軽トラに付けて、いよいよ軽自動車検査協会に出発です。

車検場に到着すると、手数料1400円と重量税8000円程度を支払い、ユーザー車検を申し込みます。

排気検査やライト検査、下周り検査は順調に終わりましたが、ナンバープレート用ライト、ブレーキがダメでした。

このように少し困ったときこそ、考えが浮かぶものです。

少し考えて、持ってきたドライバーでライトの電球をはずし、車検場のそばの修理屋で100円で電球を購入して自分で交換しました。交換代をいれると1500円くらいになるので、簡単な電球は自分で取り替えましょう。

あとはブレーキ。ブレーキは何回か検査コースを通ると、検査を通ることがあるのを思い出して、もう一度進入。

それでも、うまくいきませんでした。こういうときは職員さんに相談するに限ります。検査員さんに相談したら、ニュートラルにしていないことがわかりました。

そして、3回目の検査コース進入でブレーキは問題なく通りました。

ボロボロの軽トラでもライト類や足回りの破損がなければ、車検は平気で通ってしまうのです。細かいライトの光軸がずれていたら、検査場の壁にライトを点灯させてプラスドライバーで調整すれば直ります。

自分で検査場に持ち込んでユーザー車検を取ると、ほとんどお金がかかりません。軽自動車なら3万円程度、普通自動車なら6万円程度で車検が取れます。もちろん自賠責保険、重量税、印紙代などすべて込みの値段です。手数料はゼロですから、かなりの節約になります。軽トラも1台、年間3万円+任意保険2万円の5万円程度で維持ができるのです。なお、自賠責保険と任意保険に農協で加入すると、自賠責セット割引が適用になり数千円お得です。

新しい軽トラで時間効率は1・5倍アップ

車検をせっかく取った祖父譲りの軽トラは、1年目の秋に壊れてしまいました。家の近くの自動車整備屋に見てもらったら、エンジンをオーバーホールしなければならず、費用は10万円もかかるとのことでした。

これを見てもらうだけで８０００円も請求されたので、もうそれっきり、その修理屋へは修理をお願いしないことにしました。

このとき、トヨタ中古車販売店のセールスマンＵ氏が、新古車の軽トラをセールで値下げすると言ってきました。

スズキのキャリートラックの４輪駆動車です。

当初は、下取りで出てきた軽トラを下取りの値段で売ってくれと頼んでいたのですが、なかなかいい軽トラは出てこないのと、売価は下取り額よりも高くなってしまうとのことでした。しかたがないので、その新古車を買ったわけです。

ちなみに、Ｕ氏は私が就職して最初に買った車のセールスマンです。

就職して最初に買った車は平成６年式トヨタ・ビスタのディーゼルターボです。コミコミ30万円という割安な価格で買いました。それから親の車も買ったり、妹の車をコミコミ20万円で見つけてもらったり、タイヤやエンジンオイル、バッテリーなどほとんど原価で売っていただいています。

今回買った軽トラは、走行距離50キロと新車同然の車でした。軽トラも新車で買うと、登録費用などで100万円くらいになる車種もあるので、ディーラー系の中古車販売店で新古車を買うのも手かもしれません。

この軽トラは、古い軽トラと比べて加速がいいのと、時速100キロを出しても大丈夫なことで、農業経営の効率アップに貢献しています。2年目以降の長ネギの出荷では速度が早いので1・5倍程度の時間の効率化になりました。

最初は安い中古軽トラでいい

新しく農業に参入される方は、中古の安い軽トラを買って、整備して使うのが経済的だと思われます。軽トラは古くて壊れていても、中古パーツで安く直りますので、整備すればほとんどの故障は直るでしょう。

あとで知ったのですが、自分の出入りのディーラーで軽トラの修理をすると、ほとんど原価と同じお得意様値段で修理をしてくれるそうです。

もう1台の登録20年程度のスバルの軽トラックも最近エンジンとラジエーターが壊れてしまい、トヨタのU氏に修理をお願いしたところ、なんと全部込みで1万2000円という激安で修理をしてくれました。もちろん、修理中の代車込みの値段です。

驚いたことに、修理をしたら、見違えるほど乗りやすくなっていました。トヨタの整備士は能力が高いなと実感しました。今考えると、新しい軽トラックを買わなくても、トヨタに修理に出せば数万円で済んだのに、と後悔しています。

整備や修理をするときは、近くの修理屋でもいいのですが、田舎の修理工場は修理の期間をわざと長くして、苦労したようにみせて高いお金をボッタくることもあるので注意が必要です。「あまり高くするな」と注意するのも面倒なので、1年くらい前から、乗用車も軽トラも全部トヨタの修理工場にお願いしています。

近くの修理工場でも、あらかじめ見積もりをとって、安く修理してもらえるなら、お願いするのもいいでしょう。

現在、壊れた軽トラックは納屋の横に部品取り用として置いたままです。機械はパーツがあれば自分で直せる部分もあるので、捨てずに置いておくのも大事なことです。キャビン部分がちょっとした物置にもなって便利です。

軽トラを購入する場合は、ターボなし、エアコンなし、パワステなしをおすすめします。装備がない分、安くなります。それに、いろいろ装備してある車はメンテナンスも面倒ですし、燃費も悪いからです。軽トラは忙しいときに乱暴に運転することもあるので、余計な装備は修理を増やす原因になります。

軽トラを安く買う方法

軽トラを購入するときには必ず4WDを買いましょう。ほとんどの4WDには、パワーモードがついていて、非常に重いものを乗せていても、悪路でも、動くことができます。軽トラの最大積載量は300キロとなっていますが、実際は1トン程度の荷物を積んでも動きます。重いものを乗せることができるので、農業では出荷や肥料の運搬、農機具の運搬などに重宝します。

購入する方法はいくつかあります。

①中古車屋で購入する方法
②農協で購入する方法
③ほかの農家からの個人売買
④ヤフーネットオークション

①の場合は、仕入れ原価+儲け+整備費用で、原価より20万円程度高くなってしまいます。

②の場合は、農協でたまたま仕入れた中古車なので、①より少し安い程度です。③が一番安く

購入できるかもしれません。

私の家で使っている軽トラは2台ありますが、1台は数年前に近所の農家から2万円で買ったものです。個人売買でも名義変更は自分でできます。まず、警察署で車庫証明の申請をし、車庫証明が届いたら、地区の軽自動車検査協会へ申請に行けば、30分程度で名義変更可能です。

ほかの農家から買う方法は、やはり顔見知りからの紹介ですので、就農したばかりだとあまり期待できません。畑に廃車のような軽トラがあったら、1万円で売ってもらえないか交渉してみましょう。私の家でも壊れた軽トラを放置していますが、1万円くらいで欲しい人がいれば喜んで譲ります。
④も安く買える可能性があるのですが、落札金額が高くなる傾向があるのと、過走行車が多いので、あまりおすすめできません。
このような感じで修理代を含めても、10万円以下で軽トラを手に入れる方法はいくらでもあります。

バッテリーは、ガソリンスタンドでタダでもらう

私は極力、自家用車と農機具のバッテリーは、ガソリンスタンドなどで交換された廃品をも

らっています。

ガソリンスタンドは、給油では利益が少ないため、バッテリー交換、タイヤ交換、ワイパー交換、各種オイル交換などのサイドビジネスで必死に稼いでいるのです。そのため、バッテリー、タイヤ、ワイパーなどは、まだ数年使えるものでも交換させられている人が多いのです。ガソリンスタンドは商売なので、バッテリーなどは少し電気が弱くなったら新品との交換をすすめているようです。

しかし、バッテリーは電気の蓄電能力さえ残っていれば、充電して5年間くらい使えます。バッテリーの良し悪しは、説明書きのシールを見ればわかります。色が鮮明なら、充電すれば新品同様に使えるはずです。多少汚れているのは気にしないことです。

ディーゼル車に使われていたものは、ガソリン車用よりも電気容量が大きく、しっかり充電すれば、新品同様に使えるものがほとんどです。

私は、ガソリンスタンドで給油のついでに、廃バッテリーを見つけたら、とりあえずもらえないか聞いています。たいていの店員さんは、快く持っていっていいよと言ってくれます。

廃バッテリーもそうですが、廃ワイパーも結構使えるものがあるのでもらっています。

バッテリー充電器は少し高くなりますが、弱い電流でゆっくり充電できるものを購入して使うことをおすすめします。定価1万5000円くらいのものが理想的です。

以前3000円くらいの充電器を買って充電しましたが、全然充電できませんでした。そのため、祖父の時代から使っている少し大きい充電器で充電すると、完全に充電できました。汚いですが、たぶん2万円くらいしそうな代物です。

トラクター用のバッテリーとしては、ディーゼル車用のものでなければ電気量が違うので使用できません。大き目のディーゼル車の廃バッテリーがおすすめです。

大きすぎてトラクターのバッテリーケースに合わない場合でも、ボディーの開いているスペースに紐で縛って使えば大丈夫です。

コードは、ホームセンターで1000円程度で売っているジャンプコードを使いましょう。ただし、細い線でバッテリーをつないだ場合、配線が発熱し、火がつくことがあるので、注意しなければなりません。実際、昨年の秋、納屋にあった古い電気コードでバッテリーとトラクターをつないだところ、数秒でコードから火が出てしまいました。慌てて水をかけたので大事には至りませんでしたが、バッテリーは電気量が多いので注意が必要です。

農業で必要な風林火山

風林火山というと、武田信玄を思い浮かべるかもしれませんが、実は中国の孫子の兵法書に由来しているもので、その一部を武田信玄が借用しているに過ぎません。

武田軍が実力を持っていたのにもかかわらず、織田軍の鉄砲隊に敗退したのは、兵法の後半を極めていなかったように思えてなりません。

農業においても、静かな情報戦や謀略があるので、いつでも対応できるように孫子の兵法くらいは学んでおくべきです。

私も農作業や出荷のときなどによく活用して、ピンチを数多く乗り越えてきました。農業以外の普通の生活でも多々役に立つことがあります。

風林火山に関係のある孫子の漢文の一部分を紹介しましょう。

其の疾きこと風の如く、其の徐なること林の如く、侵略すること火の如く、動かざること山の如く、知り難きこと陰の如く、動くこと雷神の如し

以下は、私の経験上の簡単な解釈です。

［其の疾きこと風の如く］

農作業では、早くできそうな部分は、あまり余計なことを考えずに素早く行うことです。

農作業は天候などに大きく左右されるため、単純な農機具のメンテナンス、給油などは帰宅後の空き時間などを見つけて素早く終わらせておきます。農作業当日にメンテナンスなどの下準備を行うと、意外と時間がかかり、農作業の開始時間が大きく遅れてしまいます。

また、農協への資材の発注なども、出荷最盛期には、ほかの農家からの注文でたびたび在庫切れになります。資材は余裕を持って早めに頼みましょう。待ち時間があると、農作業の機会損失になります。

農協から借りている長ネギ出荷のために包む布状の資材なども、前の晩に借りておくと時間の短縮になります。

私の地区の農協は、長ネギ出荷のためのスペースが少し狭いため、ほかの農家よりも朝早く出荷して場所を確保しています。

会社員が土日で農業をするためには、ある程度、このようにできることはできるだけ、人が知らないうちに、素早く風のように行わなければなりません。

私は、アニメが好きで、ガンダムシリーズをよく見ています。関東時代に同僚に影響されて少し見たのがきっかけでしたが、ビジネスの世界でも大いに役に立ちます。

とくにガンダムシードのフリーダムは、瞬時に敵機数十機を多重ロックオンシステムでロックオンし、5砲門のビーム兵器で数秒で撃破します。農作業もフリーダムの多重ロックオンシステムのように同時にいろいろなことを考え、一気に素早く終わらせるのが理想的です。
これからの農業は、ある意味、情報戦略とスピード戦略が必要なのです。

[其の徐なること林の如く]

天候が悪いときには、くよくよ心配せずに、天候がよくなるのを待たなければなりません。天気予報は大まかな予報なので、私の家の周りだけ晴れたりすることが多々あります。畑の草取りや長ネギの土寄せ、穀物の収穫などは、天候がよくなければできません。自分の環境のポジションがよくなるまでじっと待つのも賢いことです。

逆に待てなくて、雨降りに農作業をしても、作物を痛めたり、土の状態を悪くしたりして取り返しのつかないことになります。

トラクターで畑を耕すときに、土が乾いた状態でなければならないのは周知の事実ですが、これには難しい土質学も関係しているのです。

偶然、私は北海道でも珍しい土木工学科の大学を卒業し、大学で土質学を学んでいたのですが、土の中の空気と水分の量の比率で、土の性質は大幅に変わるのです。土質を磁器をつくる粘土のようにしてしまうと、作物は根を伸ばせないので育ちませんし、逆に乾きすぎていても、水分が吸収できないので枯れてしまいます。

このようなことを少し知っているだけで、農作業の見方も変わるものです。

また、ほかの農家や農協の人に理不尽なことを言われても、その場ですぐに何かアクションするのはよくないと判断したら、じっとこらえて好機を待たなければなりません。そして、好機が来たら、期待以上に挽回できるものです。

農機具販売店の業者がよく畑に来て、機械を買わないかと言ってきますが、本当に必要であると考えるまでは、じっと我慢しなければなりません。農機具販売店の人に失礼にならない程度に話を切り上げて、農作業をしましょう。

ただし、今後、修理などで予想以上にお願いする場面が必ずきます。

以前、会社の長老的な先輩から、「できるだけみんなと仲良くすることを心がけていれば、いざ失敗に遭遇しても、足を引っ張る人はほとんどいない。だから、普段からみんなと仲良くしなさい」と教わりました。

なるほどと思い、私は職場であまり喧嘩をしないように心がけています。

普段はできる限り平和に保っておくのも兵法の考え方です。

[侵略すること火の如く]

野菜が最盛期になると、出荷場が山のように一杯になります。もたもたしていると、出荷を後回しにされることもあり、土日を逃すと大幅に出荷が遅れます。

そのため、8月から10月の最盛期には、朝4時に起きて農協に一番に行き、陣地を取る感じで出荷しています。

人がいないときに、出荷できる体制にすることが大事です。

また、ほかの農家や農協職員との問題が解決しそうな場合や、こちらが強く要求できる機が訪れたら、迷わずガツンとクレームを言うと同時に、要求を多めに出します。相手が「はい、すいません」としか言えない状況を待って実行しましょう。

普段から有事の準備をしておけば、いざというときに、周りは味方になってくれますし、味方でないにしても、敵にはなりません。

農業をやるうえでは、生産と出荷が大きな仕事ですが、時々出荷に関して出荷場の処理能力の関係でトラブルが起きるものです。

ですから、好機が訪れたら、迷わずクレームを言って挽回しなければなりません。

私はもともと温厚な性格で、人に怒ったりすることはできない性分でした。どういうわけか、大人になるに従って、恫喝まではいかないですが、不利益を被った場合は怒ることができるようになりました。

会社勤めで身につけたのですが、間髪いれずに怒るというのが一番効果的です。怒ったときは、相手への反論を最後までぶつけなければなりません。

最後まで言いたいことを言わなければ、ただの愚痴になってしまいます。

【動かざること山の如く】

ほかの農家がいい作物だともてはやし、それをマネしても、だいたい7割くらいの農家は損をします。

勤勉に農業をしている、もしくは、運がよい農家がお金を稼いでいます。それは、だいたい3割くらいの農家でしょう。

ほかの農家の人が甘い言葉で巧みに新しい作物をすすめても、簡単に乗ってはいけません。自分で勉強して、納得してからつくりましょう。

農業を行う以上、軽はずみな行動は避け、甘い誘いには山の如く動かないのが賢明です。

情報があふれている昨今の世の中で、それに左右されず簡単に動かないことも重要な戦略かもしれません。

一見儲かりそうな話があっても、昔ながらの定石に従って考えれば、動かないほうがいいこともあります。

私は大学生時代に土木工学科だったので、同級生はみな北海道の大手の建設会社にあこがれて入社試験に殺到していました。私は土木は時代遅れであると感じ、一般的な大手の会社に入社しました。

結果的に土木会社に入った多くの人は、リストラや労働条件の悪さで会社を辞め、フリーターのような仕事をしています。自分で言うのも恥ずかしいですが、私は昔からちょっとだけ状況判断に優れていたような気がします。

【知り難きこと陰の如く】

農業は情報戦です。

同じつくり方をしているようで、農家によって土質も肥料も水捌けも違います。自分のとっておきの方法を安易にほかの農家に言ってはいけません。

ほかの農家とは、たとえ友人であっても一線を引いておいたほうが賢明です。

農業でも勢いづいた農家は、お金に目がくらみ、お金の亡者になってしまいます。不思議と、そういう農家はいずれ破産しています。無理な規模拡大のための農地の買い入れや、新しい機械の購入で借金が増えていくからでしょう。

私も正直、農業を手伝って2年目は、頭の中で野菜がお金に見えたことがあります。しかし、大事なことがお金で見えなくなりました。

農業には昔から儲けても人生を見失う人が多くいるので、気をつけなければなりません。自分や家族が普通に暮らせるお金よりも、ちょっと多めくらいを稼ぐのがいいのかもしれません。でも、どうしても大規模に作付けをして、何千万円も稼ぎたいというチャレンジが好きな人は、慎重に初心を忘れず、農業をすれば成功できると思います。

[動くこと雷神の如し]

物事がまずい方向になりそうでも、少しがんばれば防げそうな場合は、強力に行動しなければなりません。

共同の機械を雨降り前に急いで使いたいけれども、ほかの農家が使っている場合、あきらめるのでなく、その農家の人と話をして、時間の半分ずつを使えるようにしましょう。

また、農協の職員の人にクレームを言って、たらいまわしにされそうになったときがあれば、少し怒った調子でお願いしましょう。私もなかなか聞き入れてもらえないとき、怒ってみたら、翌日からすぐに改善されました。

ほかの農家や農協の職員は、会社の上司ではないので、利害関係が発生した場合、年齢は関係ないという気構えで、ある程度強く出ることも大事です。

とはいえ、普段はにこやかにして、会ったら挨拶をし、世間話もしなければなりません。挨拶を受け、世間話を毎回する相手には親近感を持つので、田舎でも最低限のマナーは守りましょう。

孫子の兵法書のビジネス書『孫子の経営学』（武岡淳彦著、経営書院）を購入し熟読した結果、風林火山にはこのような意味が含まれていることを知りました。この本はすべて原文の解説つきで、いろいろなビジネスで役に立つことが書かれている傑作です。

奇をもって機を制するのは、農業で役に立ちます。このほかにも、いろいろな兵法が満載ですので、農業に使えるものがあれば応用してみましょう。

第5章

農業は週2日の作業でできる

1 週間の労働は2日程度

農作業は、週2日くらいの労働で大丈夫です。例えば、土日に、畑をトラクターで耕したり、ビニールハウスにビニールをかけて準備したりと、大事な仕事を集中して行い、そのほかの日は、奥さんや家族、パートさんなどに軽作業を任せるだけです。

事実、農家のほとんどは兼業農家です。

ある程度、家族と二人三脚で作業の分担を行えれば、週2日くらいの労働で十分です。手伝ってくれる家族がいなければ、パートさんやアルバイトを雇えばいいのです。

私の家では複数の品目をつくっているので、平日に母に作業をしてもらっている部分がありますが、品目によっては1週間に2、3日の労働で農業は行えるでしょう。

また、会社勤めをしていると、ゴールデンウィークや夏休みなどが多いので、多少農作業が遅れても、挽回するチャンスはいっぱいあります。

私の場合は、土日や祝日全部を働くのは嫌なので、土曜日に多めに働き、日曜日にはあまり作業をしないようにしています。

8月から10月までは野菜の出荷の最盛期なので、多少忙しくなりますが、ほかの農家の人に収穫をお願いしたり、パートさんなどに効率よく働いてもらえば、意外と少ない労働で働けます。極端に言えば、ビニールハウスでの野菜がなければ、ほとんど作業はなくなります。畑での野菜栽培は、1回目の除草作業が終われば、ほとんど作業はなくなり、収穫を待つだけなのです。

収穫シーズンは長くても4カ月なので、この時期にがんばれば大丈夫です。

実際、秋になると、もっと長ネギを植えておくべきだったと思うことがあるくらいです。

最初は、わからない部分なども多く、考えながら作業をするので、時間がかかるかもしれませんが、農作業は単純作業の組み合わせなので、慣れてくれば効率は上がってきます。

多くの稼ぎを求めない小農家は、ほとんど兼業で、毎年同じ作物を小規模につくっています。このやり方がいいかどうかはわかりませんが、毎年高収益の作物だけをつくれば、収入も上がるので、その部分に工夫を入れると、新規参入される方も驚くような収益を期待できるでしょう。

1日の労働は8時間程度

時期によって差はありますが、1日8時間くらいの労働で十分です。

私の場合は、何も作業しない日をつくるため、多少長く働いたりしますが、普通に作業すれば8時間程度で十分です。あまり長時間働いても体力が持ちませんし、結果的に効率が悪くなります。

私も最初は土日に働くと、平日の会社勤務でも疲労が残り、体がだるかったのですが、8時間程度で規則正しく働けば、体が慣れてきて、全然疲労は残らなくなりました。

ただし、自分で大まかな年間のスケジュールを立てなければなりません。作物の面積が決まれば、いつどのような作業をすればいいかが決まってきます。

実際に農作業する場合には、天候によって2週間前後の誤差が出てくるので、優先順位の低い草取りなどは後回しにするなど、臨機応変な対応が必要です。

単純作業は、平日に家族やパートさんに作業してもらい、土日に機械作業や重労働を中心に行うようにしていくと、短期間で仕事は終わっていきます。パートさんやアルバイトに仕事をお願いするなどして、スケジュールの調整をしていきましょう。

新規参入される場合は、最初は1人のアルバイトさんで十分です。自分が慣れる前に大人数を入れても管理ができませんから。

夫婦でやれば、アルバイトいらずで人件費節約

基本的に、農業は、面積を相応に調整すれば、夫婦で行える仕事です。

作物によっては、出荷の時期以外は少ない農作業だけなので、夫婦でやれば人件費分が節約になり、利益になるのです。平日に奥さんが、軽作業をこなして、土日に重労働を夫婦で協力して行えば、人件費いらずで農業を行えます。

そのため、平日に女性でも行えるビニール栽培の野菜を栽培しておく必要があります。夫婦で協力して作業を行えば、サラリーマン収入の倍以上の収入が期待できるし、奥さんがパートに行くよりも時間の管理が自分主体で行えるため、生活にも余裕ができます。

注意点なのですが、家庭菜園をつくると、そこにかなり時間がかかり、農作業の時間がなくなりますので、自分で食べる野菜（自分でつくっている作物以外）はスーパーで買ったほうが、時間も効率的に使えます。

野菜はスーパーで買っても旬の時期なら、とても安く手に入ります。

また、近くの農家にもらったり買ったりするのも、相手の農家の人がいったん作業をやめなければならなくなり、迷惑なのでやめましょう。

暇な日は安定収益のピーマンやほうれん草などで小遣い稼ぎ

少ない労働で安定した収益をあげるには、リスク分散が必要です。

長ネギを含め、野菜づくりは、気候等の不安定な部分がありますので、ビニールハウスでのリスク分散をしなければなりません。

私が学生の頃から、畑の作物が大雨で不作だったときでも、ビニールハウスのピーマンの収益は変わらず、ある程度、収益を保てたことがあります。

赤シソも少しつくっていますが、6月から7月までのほかの作物の出荷がない時期限定で出荷しています。

赤シソは梅干の漬け込みに使うらしく、8月はじめになると市場での受け入れがなくなるので注意が必要です。

空いているビニールハウスでつくると成長が早いので、ちょっとした収入になります。

毎年、赤シソは30万円前後の利益ですが、費用対効果を考えると高収益な野菜です。

また、ほうれん草はビニールハウスでつくると、北海道でも年に2回以上連作可能なので安定収益が期待できます。

あまり知られていませんが、ほうれん草はとても高収益な野菜です。

ほうれん草は、幅広く消費され、あまり長持ちしない野菜なので、長ネギ同様に市場での需要が多いのです。

また、設備も特別なものはほとんど必要ないので、簡単につくれる野菜です。必要なのは種代と肥料代程度で、ほとんど負担がありません。

ただし、収穫がほとんど手作業で、袋詰めが面倒なのが難点ですが、根気よくコンスタントに出荷できればよい作物です。

ビニールハウス栽培のネックは、灌水や温度管理で時間が拘束されるので、自由時間がなくなることでしょう。ビニールハウスでの作物は手間が必要なため、大きな収益を生むことは難しいですが、小遣い稼ぎ程度の気持ちで行えば、リスク分散にもなるのでおすすめです。

ちなみに、ビニールハウス栽培のノウハウを極めると、ハウス栽培だけで家族経営でも何千万円も稼ぐ農家があります。

パートやアルバイトは少人数にして、勤務時間を増やす

アルバイトを雇うのは、農業に慣れてきて、ある程度規模を増やすようになってからがいいでしょう。面積を増やして収益を増やすのであれば、ある程度、アルバイトは必要だからです。

ただし、アルバイトの人数を増やしたからといって、作業効率は人数分高まるわけではありません。

だから最初は、アルバイトさん1人を雇っていくのがいいでしょう。管理も楽ですし、アル

バイトさんの勤務時間や日数も増えて、1カ月あたりの賃金も増えるので、喜ばれるからです。

田舎では、働く場所が少ないため、アルバイトさんは1カ月の収入が増えることを望んでいます。例えば、3人のアルバイトさんにお願いして、期間が短くなるよりも、2人にお願いして期間が少しでも長いほうがいいわけです。

ほかに稼ぐ手段がないのです。

また、短期の雇用ですと、安定した賃金が期待できないため、忙しい時期にはなかなか来てくれない場合があるので注意しましょう。

2 軒で1人のアルバイトを雇うこともある

私の家では、ほかの農家と一緒に2軒で1人のアルバイトさんを雇い、私の家で作業がない日はほかの農家で働いてもらうというやり方をしています。

規模がある程度決まっていて、私も農作業に慣れてしまい、年々アルバイトさんの作業が減っているので、1軒でお願いすると、定期的な賃金が少なくなって申し訳ない状態になります。そこで、2軒で雇うようにしたのです。

たまたま、今お願いしているアルバイトさんは近所の方なので、私の家を優先して働いてもらっていて助かっています。

また、農業はなんだかんだ言っても肉体労働なので、作業の早さよりも、いかにコンスタントに気分よくやっていただくかに心を砕かないといけません。アルバイトに来てくれるのは、たいてい年配のおばさんなので、おばさんが気軽に働けるように配慮することが必要です。

高い時給を払って毎日来ていただくなら、それなりに作業効率にも責任を持っていただくことになるのですが、せいぜい時給700〜800円程度ですので、まじめに働いてくれたら儲けものと思わなければなりません。

暑い日などは、疲れたら適当に自分で休んでくださいと言ってありますし、いつも冷えたジュースをクーラーボックスにたっぷり置いておき、自由に飲んでもらっています。

どんな人をアルバイトに雇えばいいのか

最近は、農村部でもアルバイトさんが不足しています。理由は、農作業の敬遠もありますが、農村部の過疎化と法人化による大規模経営化にあると思います。

農家の経営はもともと家族で作業をしていたのですが、農業従事者の高齢化と少子化から、働く人の絶対数が減っています。

今から30年くらい前に活躍していた主婦などのアルバイトさんは、今60歳を超えている人がほとんどですので、引退した方も多いのです。それに加え、新しいアルバイトさんはそれほど増えていません。さらに、法人化した農家などでほとんど雇われてしまい、個人の農家に来てくれるアルバイトさんを見つけるのは、困難な状態になってきています。

探す方法はいくつかありますが、やはり農作業に向いている人でないと困ります。試しにやってみて、楽しくやれるアルバイトさんを雇うべきです。

農業は嫌いだけど、お金のためにやっているという人は雇わないほうがいいでしょう。短期のアルバイトであればいいのですが、人によっては農作業は過酷な肉体労働ですから、「もっと時給を高くしてもらってもいいくらいだ」と言ってくる人もいます。

時給を高くして真剣にやってもらっても、農作業の効率はそんなに上がるものではないので、こつこつと働ける人を雇いましょう。

会社でもアルバイトさんを何人か見てきましたが、仕事をするのは嫌だけどお金を稼ぎたいので仕方なく来ている人は、後々仕事の取り組み方にも影響します。

会社での話ですが、何回かアルバイト募集をしたとき、なかなか能力のある人が来ないので、たまたま来た人を雇ってしまいました。仕事もたいして好きでなく、パソコンの操作も知らない、あまりやる気の感じられない女性でしたが、やはりみんなの仕事の足を引っ張る結果になってしまいました。

アルバイトさんはできるだけその仕事が好きか一生懸命な方を雇うべきです。

自分が実際にやってから、アルバイトを使う

これは、関東勤務の頃、いろいろな業務を任せられたときに上司に教えられた方法です。

「自分でやってみて仕事がわかってから、部下にお願いしなさい」

当時はそんなこと関係ないと思っていましたが、それから5年くらいたった今になって、言われたことの意味がよくわかるようになりました。どんなに簡単な作業でも、自分で熟練するまで身につけておかなければ、なかなか的を射た指導はできないものです。

とくに農業について言えば、小さい作業の積み重ねが全体をつくっているため、あとで間違いに気がついても、それはすべて自分の損になるだけだからです。

アルバイトさんに責任を負ってもらえませんし、負う人もいないでしょう。

草取りにしても、絶対取らなければならない草と、たいして害のない草があります。時間がないときは、有害な草だけに集中して、早く畑の草取りを終わらせなければなりません。

自分で実際にやって熟練してから指導すると、間違えそうな部分を事前に指摘できますので、

結果的に農作業の効率を高めることができるのです。

農作業をアルバイトさんにお願いする場合、任せるのはいいのですが、定期的に畑に行って世間話などをしながら、仕事のやり方、進捗状況などをチェックするのが大事です。

これは、会社勤めの中で身につけた方法で、経営コンサルタント系ビジネス書でも理論化された方法ですが、部下と仕事の進捗状況の接点を多くして状況把握をすることが経営では重要で、その後の部下への指示にも適切な内容が反映できるというものです。

会社勤めの方に多く見られるのが、お願いした仕事の進捗状況などを全然把握していないために、できあがってから初めて失敗に気がついて落胆するという人です。

会社では、失敗はある程度会社の損失でカバーされるので、自分への負担はないですが、農業経営の場合、間違った作業による損失とアルバイトさんの時給が丸ごと損失になるので、気をつけていただきたいと思います。

アルバイトの募集方法

アルバイトの募集方法はいくつかありますが、近所の離農などでとくに仕事をしていない人にお願いしています。

離農した人には、土地を売ったお金がある程度あるので、近くの農家でアルバイトをし、定期的にボランティア程度に稼いでいる人がいます。このような人は農業の大変さを知っているので根気よく働いてくれます。

農作業は７００〜８００円程度の時給ですが、金額に関係なく一生懸命働いていただいています。とはいっても、肉体労働なので、がむしゃらに働くのではなく、自分のペースでコンスタントに働いてもらっています。

農協を通じて、農家と無関係な町の奥さんなどが登録して派遣される制度もありますが、近くの農家の話では、短期間でやめてしまう場合が多いとのことです。

なかには根気強い人もいるので、試しに雇ってみて様子を見るのもいいでしょう。比較的若い主婦ですと、たまにはやる気のある人がいるので、やる気のある人が来るまで派遣してもらうのも手です。意外と、この制度で気に入った人を個別に長期で雇うという方法も多くとられています。まじめに働く人が毎年来てくれれば、効率もアップするし、経営も安定します。

ほかには、シルバー人材センターで派遣してもらう方法もあります。暇な老人が登録しているため、作業は遅いですが、どうしても人手が足りない場合は使えます。

近所の農家でシルバー人材センターのおじいさんたちの様子を聞くと、勝手に休憩したり世間話をしたりして、作業も遅いので、普通の人を雇ったほうが結局はいいとのことでした。賃金はやはり時給700〜800円程度をシルバー人材センターに納める制度になっています。

私は使ったことがありませんが、効率がかなり悪いと思います。作業は世間話や休憩ばかりしてやると、スピードが普通の人の3分の1くらいになります。あまり働かない人3人と、普通の人1人が同じ仕事量になります。

農村部近郊に住宅地帯がある場合は、そこから来るアルバイトさんが期待できるため、人の紹介などいろいろな手を使って募集してみましょう。公民館や駅の掲示板など、専業主婦のような人が集まる場所にアルバイト募集の張り紙をする方法なども有効でしょう。

草取りや単純作業など、ある程度効率が悪くてもいいと割り切れば、夏休みの高校生を使ってもいいでしょう。

実際のアルバイトさんの年齢は40歳以上の人が多いようです。意外と高齢者でも、経験があれば、若い人よりもよく働いてくれます。

農村部では60歳を過ぎた女性がアルバイトの核になっています。

時給は相場で決める

時給は地域の相場で違いますが、これから新規に就農する場合は、やはり700〜800円の中で決めるのがいいでしょう。

農作業は仕事の速さや正確さといった面に個人差がかなり出ますし、身体能力も個人差がありますので、はじめは７００円程度でお願いし、仕事がわかってきて作業が早く正確にこなせるようになってから、50円ずつ上げていくのがいいでしょう。

田舎のアルバイトさんは時給が安くても、コンスタントに毎日8時間くらい雇ってもらえることを望んでいますので、経営状況を見て時給の判断をしましょう。

1回高い時給にしてしまうと、なかなか下げることができませんし、揉め事になりかねないので、作業をしばらく見てから高い時給にしてあげるようにしたほうが無難です。

私の家では、交通費と休憩時のお菓子代は時給に含めて、少し高めに設定しているので喜ばれています。こちらも面倒な用意が不要なので、効率的です。

あまり給料を複雑にすると大変なので、交通費や休憩のパン代も含むという感じにして、相場から30～50円高い時給を設定するのがいいでしょう。

また、時給計算は1分単位で行い、月の合計で端数は15分単位で切り上げて支払っています。

急ぐ仕事で、夜遅くなったときは、別途1時間余計に働いたことにするなど、多めに支払うと喜ばれます。

アルバイトは単純作業に使う

アルバイトに来てくれる人は、年配の人か、難しいことはしたくない人がほとんどなので、単純作業をお願いしましょう。

逆に慣れない複雑な仕事をお願いすると、時間が膨大にかかり、時給のムダになります。畑の作業であれば、草取りや単純なスコップ作業、苗床準備の補助的な手伝いなどです。機械を運転したり、出荷場に出荷したりするような作業は、自分で行わないとトラブルが発生した場合、膨大な時間のロスになりかねません。

なお、機械の運転をお願いする場合は、作業一式を機械持参でしてくれる農家にお願いしたほうが、作業一式いくらという単純な価格で責任を持ってやってくれるのでおすすめです。

慣れるまでは、草取りにしてもアルバイトさんだけで作業を行うと、ペースがわからず時間がかかりすぎることがありますので、自分か家族の人とペアで作業を行うのがいいでしょう。慣れてきても、定期的に見回りをして、進捗状況を見ることはしなければなりません。畑の状態で草の生え方も違うので、場面場面で指示が必要な場合もあります。

第6章

農業に参入してよい地域、悪い地域

どんな地域を選べばいいのか?

就農地域の条件は、努力すればどこでも可能ですが、もし会社勤めを続けるのであれば、勤めている会社から近いことが最重要ポイントのように思います。

農協によっては、その町で生活することを条件としていることがありますが、一時的に住民票を移すことや農作業の年間日数などを証明すればよい場合もあるので、実際に農地を見つけてから手続きをしても遅くありません。

また、最近は運送システムが発達していて、ある程度、都市部に近いほうが運送コストや市場への農協の優位性などがあるので有利です。

農協から市場が遠いと、農協の職員と市場の仲買人とのつながりが薄くなるので、野菜などの商品の価格が低く設定されてしまうことがあります。

価格は市場原理で決められているように見えますが、実際は地域の農協と仲買人との交渉力で数倍違ってきます。

恐ろしいことですが、農協の行動力や立地面で不利な場合は、野菜の価格も高値のものに比べて数分の一の価格になります。

参入しようと思う農協の管轄の市場に出向いて、市場の人に直接どんな感じかを尋ねるのも有効かもしれません。

実際、私も大学生の頃、札幌市場に出向いて余った野菜を直接買ってくれないか交渉したことがあります。価格はかなり安かったのですが、いろいろ教えてくれて勉強になりました。

絶対に参入してはいけない地域

絶対に参入してはいけない地域は、農協の出荷場があまり整備されていない地域です。

出荷場に運送会社などと提携して各市場や商社へ野菜を出荷できるシステムがない場合や、出荷できる品目が極端に少ない場合は、野菜を生産できないので、きちんと調査しなければなりません。

日本の地方で、農地は多く余っているものの、農協の出荷場が整備されていないために生産できない地域が多くあります。

私の地域の農協は、最近、国の補助などで近代化した設備が大規模に整備されているので、不都合はありません。

地方に行けばいくほど、過疎化で整備が遅れていますが、政治的な力で整備がされている地域もあるので、農地選びには時間をかけなければいけません。

自衛隊や空港がある地域は、政治的に過去に国からの補助金が多く配分されているので、田舎でも近代的な設備がある可能性があります。

農協の設備も重要

農地選びでは農協の設備が重要になります。

バブル時代に予算がついた地域は、数カ年計画で農道や出荷場が大規模に整備されています。どのような基準で予算がついたかは詳しくわかりませんが、政治家の地元に多く予算がつく傾向があり、鈴木宗男さんの地元の釧路や中川一郎さんの帯広などは典型的な形で農業基盤整備が行われていて、農協の出荷場も立派なものが整備されています。

就農する町を選ぶなら、農協の設備や出荷方法などをよく調査してから土地を選ばなければなりません。

農道や河川がしっかり整備されていても、肝心の生産物の出荷が思うようにできないような町は絶対に避けるべきです。

最近、市町村合併で市町村が合併していますが、農協の組織は別物なので、設備は以前のままの地域区分です。やはり農協の調査は必要です。

各農協では独自の取り組みで組合員のためのサービスを行っており、ビニールハウスで苗立てが難しい野菜の苗をつくって農家に販売したり、作物別の選別場などを提供しています。

このあたりが農家が楽をできるかどうかのポイントで、苗を春に購入することができれば、冬にビニールハウスでストーブを焚いて苗づくりをする手間が省けます。

また、選別場も出荷までの手間が格段に省けるので、容易に規模拡大ができ、収益の倍増も簡単になります。

作物によっては、選別はある程度人手がいり、管理にとてもコストが必要なのです。農協で大規模にパートさんを雇って、工場労働のように一括するところでは、コスト的にも安くできます。

農協の活用方法のポイント

農協は、農家の営農や出荷に関していろいろお手伝いをしてくれます。

使う肥料や農薬の指導や、病気の発生状況のお知らせなど、私の地区の農協では情報がファックスで送られてきます。

資材に関しては、肥料や農薬などは農協で購入しなければいけませんが、そのほかのビニールテープやガムテープ、一輪車、スコップなどの小物はホームセンターのほうが激安で売っています。農協で買うと2倍以上の値段だったりしますので、使い分けが必要です。

逆に全国組織を活用して、どこかのホームセンターと提携すれば、売り上げアップになると思うのですが、農協はお役所仕事なので、そんな自由な発想は認められないのです。

また、農業機械用燃料のガソリンや軽油も、農協のスタンドでカードで決済でき、農協の口座から引き落としになります。

軽油を農協で買うと、耕作面積によって数百リットル免税になるので、その分はお得ですが、もともとガソリンと軽油の値段が民間のガソリンスタンドより1リットル5～10円高いときがあるので、近くのガソリンスタンドと比べて安いほうで給油すべきです。

ガソリンや軽油の値段が高い理由は、ホクレン（北海道農業協同組合連合会）で大量に仕入れるので、値段が下がった場合にすぐに値段に反映できないかららしいのですが、5円以上違うと大きな違いです。

農協では、各種の保険も運営しており、車の保険も民間より掛け金が安いですし、事故時の支払いも有利です。

例えば、一般に、車の車両保険は事故を起こしても修理しないと修理代は出ませんが、農協はお金だけをもらってもいいという変わった決まりになっています。

また、生命保険なども民間よりお得な内容の保険があります。

近くに川がある土地が最高

畑で灌水のために水を使うことはほとんどないのですが、ビニールハウスでの灌水や防除のときに薬剤を混ぜて散布するのに多量に水を使用します。

そのため、水源があまりに遠いと、まったく営農できないので注意が必要です。

できればビニールハウスをつくる予定の土地の近くに、農業用水が常時流れている川があれば理想的です。

稲作用の用水は水田の時期だけしか水が流れないので、あまりあてにできません。

川から水を汲み上げるには、ポンプが必要ですが、普通はエンジンポンプもしくは200Vの動力電源で動くポンプで汲み上げます。

家から近い川であれば、動力電源ポンプが便利なのですが、配線が遠くなるとコストがかかるので、遠い場合はエンジンポンプを使います。

動力電源ポンプは中古で1～2万程度で売っていますし、モーターさえあれば自分でパーツを買ってきて組み立てても5万円程度でつくれます。

エンジンポンプの場合は、ホームセンターで売っている1～2万円程度の機械で十分です。

ビニールハウスに灌水する場合は、川から直接灌水すると水圧が下がってしまい、うまく灌水できないので、畑に池をつくり、水をいったん貯めておき、そこから灌水すると、水圧が下がらずにうまく灌水できます。

池は深さ1メートル、面積50㎡程度で十分です。

池をつくるのは、本来はバックホーで行う作業なのですが、フロントローダー付きのトラクターがあれば、それでつくれます。

トラクターのバケットは大きいので、少しずつ土を掘っていくとうまく掘れます。

穴を掘っただけで水を入れると、土がとろけて濁ってしまいますし、時間が経つにしたがって水が底から染み出てなくなってしまいます。そのため、池の底にいらなくなったビニールハウスのビニールを敷くと、うまく水を溜めることができます。

少し前から転作している土地は荒地でも最高

結論から言うと、田んぼを畑にするのには数年の調整が必要です。土質が畑とまったく異なるので、野菜の生育が悪くなるからです。

私は土木工学を大学で学んだので、土質のことは理論的に知っているのですが、土に含まれる小さい空気や水の割合で、土の構造は保たれています。

そのため、田んぼで長年水の中でとろけたような土ですと、細かい空気の粒が土に入っていて、微生物の繁殖や肥料分がちょうどよくなるまで時間がかかります。

とくに粘土分が多い土質では、野菜の生育が極端に悪いのです。

昨年もローテーションで長ネギを植える場所を変えたのですが、粘土分の多い畑では生育が通常の半分くらいの速さにまで遅れました。

悪い土質の畑は最初の植え付けの長ネギだったので、時間をかけて大きくすることができ、無事に出荷できましたが、遅い時期のものですと、雪が降りますので廃棄せざるをえないところでした。

粘土質の畑は、プラウという機械で荒く耕して乾かさなければなりません。

乾かした後に、細かくなるようにロータリーでゆっくり耕していくという作業でいくらかましになりますが、配合肥料などによる成分の調整があるので、一筋縄ではいきません。

できるなら、水田をやめてから長期間経っている土地や、粘土分が少ない土地がいいでしょう。

粘土質はなるべく避ける

前述したとおり、粘土分が多い土地は、作物の生育が難しいこともありますが、トラクターなどの作業機が同じ場所を何度も通ると、へこんで溝になりやすいことや、雨が降ると底なし沼のように地盤が軟らかくなってしまうことなどもあるため、畑には向いていません。

また、粘土自体には肥料分がまったくないため、畑づくりに大量に肥料が必要となります。肥料は耕すときに混ぜ込むのですが、暖かくなると大気中に成分が放散するので、毎年肥料が必要になります。

ただし、大豆や麦、そばなどは粘土質でも関係なく育ちますし、土壌の改良になりますので、野菜をつくる前に、根粒菌が大量に増える大豆などを数年つくる方法もあります。

また、粘土は水捌けが悪いため、長期で耕作をする場合は、暗渠を埋め込む作業も必要になります。水捌けが悪いと、降雨のとき畑表面に長時間水が溜まり、作物が枯れてしまうのです。

暗渠は畑の地中1メートルくらいに排水管を埋めることをいいますが、1ヘクタールあたり50万円くらいの金額がかかりますので、農作業に慣れてから数年後にやったほうがいいでしょう。作業的には簡単なのですが、資材や機械などの段取りが面倒なため、収穫が終わった秋に行う作業です。

私の家の畑は粘土分が多いため、学生時代に父と暗渠を埋め込みました。そのため、排水については、とてもいい畑になっています。

一般的に、日本は水田地帯のため、粘土質が多いのですが、樹木などが古い時代に枯れて積み重なった泥炭地帯は、水捌けや野菜の根張りがよく、重宝されています。

川の近くに多い砂地は、土に石が含まれているため、耕耘機械の消耗が激しいとされています。ロータリーの歯が細かい石の摩擦ですぐに減ってしまうなどの欠点があります。

適 正面積はどれほどか？

作付け面積は、最初は小さい面積から行ったほうがいいのですが、農地を取得するときにあまり小さい面積だけを取得するのは難しいですし、あとから増やそうと思っても、家の近くに畑がないと不便なので、ある程度まとまった面積が必要になります。

その意味では、5ヘクタールくらいを買うか借りるかで取得し、耕作するのがおすすめです。

これ以上面積が大きいと、大きな農業機械が必要になります。このくらいの小さい面積でも、作物のつくり方によっては1000万円以上を稼ぐことも可能です。

少ない人手で耕作を行う以上、あまり広い面積だと負担になって、それが収益を悪化させます。私の家ではもともと7ヘクタールあったので、どうにもなりませんが、5ヘクタールくらいの面積でもたいして収益は変わらないように思います。収益が高い野菜以外の麦や大豆などが面積の大部分を占めているからです。

ちなみに、50メートルビニールハウスで期待収益が100万円、長ネギで1ヘクタールあたり600万円ですが、大豆・麦は2ヘクタールで40～60万円程度と極端に単価が違うのです。

農協の職員とは一戦を交える覚悟が必要

農協の職員は団体職員ですが、採用された経緯は人によって異なります。差別になるのであまり書きたくないのですが、農協で金融をやっている人は大卒の人が多く、出荷場など現場で働いている人は高卒の人や離農した農家の人が中途採用されているケースが多いのです。

そのためか、現場から上へ意見を言うことを極端に嫌っています。上司に関係あることをお願いすると、ごまかして知らん顔をしたりします。

私も何かあったらきちんと話をすればいいと思っていたのですが、農協の打ち合わせの場などで伝えてくれると思ったことでも、すっとぼけられたことが何度もありました。気がつくまでに2年かかりましたが、本当に大人のくせにすっとぼけるときがあるのです。あまり農協の職員相手に怒るのはよくないとは思いますが、収益にかかわることは本気でぶつかる覚悟でがんばりましょう。

私は、会社のクレーム対応や労働組合活動などで身に付けた巧みな交渉術で、機会があれば一戦を交えていますが、できればあまりやりたくない、気分が嫌になることです。

農協職員にはこうクレームを言え

北海道に転勤してきた当時、上司である課長とはまったく気が合わず、毎日のように理不尽に叱られてばかりいました。そのため、少なからず週末の農作業中にイライラし、悪影響が出ていました。農業に参入するからには、精神面は強くして、穏やかに過ごしたいものだと、今では思っています。

2年目以降は、自分の主張を遠慮せずに主張し、間違っていることは間違っていると堂々と課長に言えるようになったので、週末の変なイライラは嘘のように消えました。とはいえ、頑固な課長だったので、頻繁に自己主張する必要があり、これには骨が折れましたが……。

ただ、この経験のおかげで、農協の出荷場の職員さんに理不尽な扱いを受けた場合でも、どんどん自分の意見を主張できるようになりました。

普通の人は、目上の人、上司、公共の組織の人に対して、なかなか不満を言えません。こういった人たちに、ものを言う習慣がついていないのではないでしょうか。

これは、会社勤めでの収穫なんですが、不満を意見する場合には、「そのことに関して、私個人がこう思っているから、それは納得できない」とはっきりわかりやすく言うことです。

経験上、役場や農協といったお役所の組織は、労働組合が強いのと長年の馴れ合い体質が染みついていて、必ずしも組織の方針に従って動かない職員がいますので、注意をしなければいけません。担当職員に話してもダメなときは、風林火山のごとく意表をついて、要領よく立ち回ることも大事です。

ただし、感情的になって、個人的なことや人間性を損なうようなことは言ってはいけません。会ったら世間話ができるような良好な関係を築いておきましょう。

理不尽な物事を言ってくる人は、組織全体がそう言っているように言いますが、たいていの場合、ほんの一部分を拡大解釈して大げさに言っているに過ぎないのです。

私自身、以前、会社でお客さんにクレームを言われることがありました。とてもクレーム上手な人がいて、数カ月間悩まされたことがありました。

とにかく一言「どーなっているんだ!」と決まり文句を大きな声で言って、いろいろ要求してくるのです。そして、要求がかなうと、穏やかな人に戻り、にこやかに世間話をしてきます。困った私は数カ月かけて社内の人間関係を構築し、私にクレームを言ってこさせないようにしました。

大変な状況でしたが、そこからクレームのテクニカル的なことを学ぶことができました。このほか、いろいろなクレームを2年間言われ続けると、おかしなもので、クレームの対処方法とともに、クレームのゲーム理論的な手法も身につきました。

具体的にどのようなクレームを言ったら、どのような効果があるかとか、逆に、どのようなことを言ったら、損する場合があるかとか、いろいろ見ることができました。こうしたことは、会社勤めをしていると身につけられる利点だと思います。

会社勤めでクレーム対応をしていたこともあったので、クレームを言う側の気持ちやその手法を知ることができ、そのときの経験は、自分がその立場になった現在、とても役に立っています。

時には烈火のごとく怒る

農協の職員さんに横柄な態度を取ることはよくないですが、たまに、ほかの農家の言うことに影響されて、変な指示を出してくる場合もあるので、気をつけなければなりません。

農業を行ううえでは、たとえ年下であっても一国一城の主なので、独立した立場でまわりの農家や農協などに対応しなければなりません。

とくに農協は、各職員の考えがばらばらなので、一個人の考えで話をされることがありますが、重要なことはほかの職員の人とも連絡を密にしておいたほうがいいでしょう。

時には、烈火のごとく怒ることも必要です。

田舎の人は比較的純粋なので、誠実に怒る人には従ってくれます。

ふだん付き合いのある農協の人には、なかなか遠慮して強く主張できませんが、農業の世界もビジネスなので、言うべきときにはきちんと言うことも必要です。

みなさんも、農協に加盟し、新参者として理不尽な扱いをされたと感じたら、間髪入れずに誠実に主張することをおすすめします。

黙っていると、それが既成事実になってしまいます。なぜ、あのときに言わなかったのかと、後悔することがないように、きちんと自分の権利を主張しましょう。

一方、ほかの農家へクレームを言うときは注意が必要です。

農家の場合はすべての農家が独立した会社みたいなものなので、みんなが親方日の丸の社長です。おかしなクレームを言うと、ヤクザ並みに怒鳴られる可能性があります。

トラブルにならないためにも、ほかの農家へのクレームは農協を通して申し立てましょう。

このようなクレームのほかにも、農業をしていると、借金や収益のことで頭がノイローゼ気味になることもあるので、ある程度強い精神力を持って、多少のことは想定しなければなりません。

おわりに

農業で大金持ちを目指す方へ

農業でお金持ちになる方法はたくさんあるでしょうが、失敗する可能性もあるので、誰もが儲かるとはなかなか言えません。

収益１０００万円程度で満足できればいいのですが、借金をして面積拡大を図り、倍以上の収益を短期間で目指した農家は、そのために失敗しているのです。

私の本を読んで、会社勤めのかたわら徐々に収益を上げていくやり方をすれば、ほとんど失敗しないでしょうし、途中で農業をやめても負担が少ないはずです。

農産物の市場規模は全国規模でとても大きいので、この本を読まれた全員が就農しても利害がぶつかる心配は皆無でしょう。

今は不動産投資ブームで、北海道の安い中古アパートが極端に減ってしまい、私も購入したいと思っていても、全然掘り出し物が出ない状況になっています。これは、売りに出される投資物件の数に限界があるためです。

しかし、農業においてはほとんど無限大の市場があるので、みなさんはいかによい作物をつくって出荷するかだけを念頭においてがんばればいいのです。

私は全国各地に出張して、日本の国土の耕作放棄地がとても多いことを実感しました。地元の北海道でも、札幌圏を離れると、非常に農地が余っているのです。

農業へ進出した企業がかなり撤退していますが、資金が膨大にあり、やり方さえ間違わなければ、高収益な業種になると考えます。

これからの農業情勢

最近の農業情勢は、国からの補助金が減っていることや、農閑期の土木工事でのアルバイトなどが減ってきているため、厳しいものがあります。

従来の農家は、国からの補助金や米価の統制などで多少の奔放経営でも成り立っていましたし、農閑期に土木工事現場でアルバイトをしている農家もいっぱいいました。

近年、国の財政破綻の影響で補助金は激減し、土木工事も激減していますので、生活は苦しいものがあります。

景気のよい頃と同じやり方の米作や穀物中心の農家は、撤退し、子供の代にはなかなか引き継がれない現状があります。

結局のところ、農作業は時代にあった企画能力と技術の両方が必要になるため、農地の相続放棄などで耕作面積は減っていく気がします。

都市圏の農地ではある程度の売買需要はあるものの、地方の農地は、農業従事者がいないために耕作放棄地となっています。

北海道の全体の面積の農地利用率は実際のところ3分の1以下と思われます。

原油高でバイオエタノールの原料が需要を増しているのであれば、農業ファンドをつくりベンチャー企業が農業経営にあたるという時代もきっと来るでしょう。

農業ベンチャー企業がファンドの資金を活用し、地方の農家を子会社として効率的な経営をするのも可能かもしれません。

例えば、日本の耕作可能面積に大豆やとうもろこしをつくり、バイオ燃料で国内の石油需要を満たすことも可能でしょう。

規模が大きくなれば、利回りで言えば、不動産より儲かるのではないでしょうか。

執筆を終えて

もともと私は以前から、何百冊ものビジネス書を読み続けており、その中には、著書を書く方法というものもありました。

何度か出版社に株取引などの執筆原稿をメールで持ち込んではいましたが、ほとんど採用されませんでした。

今回、執筆をさせていただいた理由は、ダイヤモンド社のビジネス書を読ませていただき、企画書を投稿させていただいたからです。

私は、加藤ひろゆきさんの『ボロ物件でも高利回り　激安アパート経営』という不動産関連のビジネス書が、この本を書くきっかけになったことに感謝しています。

同書を読んで、約半年くらい物件探しをした結果、驚きの利回り60％超えのアパートを820万円で購入することができました。

引渡しはもう少し後になりますので、本格的なアパート経営は今年の秋からになります。

古い物件ですが、8室アパート、2室アパート、一戸建、広い畑の4点が一括売買の珍しい物件を購入することができ、大満足です。

まさに私にとっては良書となりました。

子供の頃から本をたくさん読むことはよいことだと、先生や職場の部長などから言われてきましたが、今回やっと意味がわかったような気がします。

本をたくさん読むと、どれが役に立つ本かどうかがわかるようになるのです。

読者のみなさんも、私が執筆した本書を参考に、農家を始められた場合には高い確率で成功することを信じています。

２００８年９月

堀口　博行

［著者］
堀口博行（ほりぐち・ひろゆき）
札幌市内の大学を卒業後、会社員となり、起業家セミナーなどを担当する。その後、ライブドアの宮内氏らから、趣味で行っていた株式取引の知識を生かして同社のファイナンス部門に来ないかと誘いを受けるが、リスクを考えて断念。ライブドアショックで株式投資に失敗し、合計2000万円の損失をこうむる。実家の父が体調を崩したのを機に、介護や農業の手伝いのため、北海道に転勤希望を出し、帰郷して現在に至る。会社勤務の傍ら、実家で行っていた長ネギを中心とした野菜栽培で、1年目は400万円、2年目は600万円、3年目には1000万円（利益ベース）を達成する。

週2日だけ働いて
農業で1000万円稼ぐ法

2008年9月19日　第1刷発行
2009年3月5日　第10刷発行

著　者――堀口博行
発行所――ダイヤモンド社
〒150-8409　東京都渋谷区神宮前6-12-17
http://www.diamond.co.jp/
電話／03･5778･7232（編集）　03･5778･7240（販売）
ブックデザイン　Malpu Design（清水良洋＋渡邉雄哉）
製作進行――ダイヤモンド・グラフィック社
印刷――――堀内印刷所（本文）・慶昌堂印刷（カバー）
製本――――本間製本
編集担当――田口昌輝

ISBN 978-4-478-00699-3